U0144984

Photoshop
設計達人
必學工作術

數位新知 著

五南圖書出版公司 印行

序言

　　Photoshop是Adobe家族的產品之一，由於它提供許多的繪圖工具、影像編修功能，又有自動化處理功能、特效濾鏡、路徑繪製、色版控制、文字樣式設定等功能，功能之強大使它成為美術設計師和網頁設計師所愛用的軟體之一。不管是學校或補習班，都將它列為美術與設計科系學生所必學的軟體之一，甚至是資管相關科系，也都將它列入課程的必修科目。

　　本書提供授課教師在教授Photoshop軟體時的教材，適合基礎入門課程之用。對於該軟體的各項功能技巧，都有深入淺出的說明。整合運用方面，也提供多個範例的操作說明，諸如：個性化專業名片設計、創意宣傳單、新年賀卡製作、創作插圖、摺頁式宣傳單的編排、網站首頁設計等。透過實例的操作練習，更能讓學生從實作中加深技巧的應用。對於進階功能的使用及商場上經常運用的技巧也多所著墨，許多基礎書中不會介紹的重要技巧，在本書中都有詳實說明，期望讓莘莘學子們在進入職場時都可以應付自如，花最少的時間來做出最佳的效果，快速成為業者倚重的好幫手。

　　本書盡可能將作者多年來對軟體的使用心得做完整的介紹，期望讓初學者都能快速變成美術設計高手，本書力求內容完整無誤，若仍有疏漏之處，還望各位先進不吝指正！

目錄

設計生手的色彩入門課

Photoshop一直以來是眾多設計師及藝術家心目中最好的朋友。它的出現讓藝術家及專業攝影師拓展了視覺領域，它不但能掃描圖片到電腦中，還能利用軟體本身超強的功能來修正影像瑕疵，修改不自然的色彩、增加色度、加入文字效果、濾鏡特效、製作網頁動畫、動態按鈕等，這麼多的影像處理技術，讓各位的想像空間不再侷限於小小的世界，而是無遠弗屆。然而學習影像繪圖之前，有些基本設計概念不可不知，這裡先跟各位做說明，讓初次踏入設計領域的生手們能夠快速入門。

0-1 點陣圖與向量圖

要學習影像／繪圖的設計製作，對於「點陣圖」和「向量圖」的概念不可不知。

點陣圖

「點陣圖」是由眾多像素（Pixel）所組成，像素的色彩訊息則是由RGB來表示，它會依據色彩訊息分為8、16、24等位元，位元數越高表示顏色越豐富。而「點陣圖」影像就是具有連續色調的影像，一般數位相機所拍攝下來的影像，或是掃描器掃描進來的圖像，都是屬於點陣圖像。檔案格式若為BMP、TIFF、GIF、JPG、PNG等也可斷定它為「點陣圖」。

因為需要記錄的資料量較多，因此影像的解析度愈高，尺寸愈大，相對地
檔案量也會愈大。

點陣圖放大後會看到一格一格的像素

　　由於點陣圖是由一格一格的網點像素所組成，如果想要將原本
640×480大小的影像放大成1024×768的尺寸，那麼繪圖軟體會複製附近
的像素來插補，以彌補像素的不足，因此影像的效果就會變差。所以製作
印刷用途的美術作品，最好先取得高畫質、高解析度的影像，才能確保印
刷的品質。

向量圖

　　「向量圖」是透過數學方程式的運算來構成圖形的點線面，圖形或線
條的呈現都是利用數學公式描繪出來的，不會有失真的情況出現。也就是
說，當各位放大圖形或線條時，畫面仍然維持平滑而精緻，不會有鋸齒的
情況發生。

向量圖放大後，線條仍然平滑精緻

　　對於漫畫、卡通、標誌設計等以簡單線條表現的圖案，適合利用向量的繪圖軟體來製作，這類的程式包括了Illustrator、CorelDRAW等，檔案格式若爲EPS、AI、CDR、EMF、WMF等多屬於向量圖形。

0-2 解析度

　　「解析度」是指每英吋的點數／畫素數，通常標示爲「dpi(Dot Per Inch)」或「ppi(Pixel Per Inch)」。一般來說，螢幕的解析度是「72 dpi」，印刷的解析則爲「300 dpi」。

　　在設計圖像畫面時，除了以「公分」作爲度量單位外，也可以選擇以「像素」作爲單位，而「像素」指的就是「畫素」。畫面中擁有的畫素愈多，可描繪的圖像細節就愈多，相對的就會耗掉更多儲存空間和處理時間。以800×600的畫面爲例，水平解析度800×垂直解析度600，此畫面就是由480000個畫素所構成，數位相機擁有50萬畫素時，就可以拍出800×600的畫面了。

　　不過各位在螢幕上看到的影像大小或細緻程度，事實上和列印並無關連，要列印好品質的畫面必須考慮的是「列印解析度」，列印解析度愈大則印出來的畫面就愈細緻，但是圖的尺寸就愈小。就以3×5吋相片

為例（3×300×5×300 = 1350000），大概要150萬畫素，4×6吋相片
（4×300×6×300 = 2160000）則最少要200萬像素以上。因此要選擇何
種的解析度就要看畫面的需求或用途。

0-3 色彩模式

Photoshop軟體裡所提供的色彩模式相當多，包括RGB、CMYK、
Lab、灰階、雙色調、索引色等，其中比較常用的就是RGB與CMYK兩種
色彩模式。

RGB色彩模式

RGB色彩模式是由紅、綠、藍三種色光所組成，通常電腦螢幕、電
視都是採用此色光的模式來顯示色彩，在Photoshop中建議各位採用RGB
的色彩模式來編輯影像，因為除了色彩較鮮艷亮麗外，很多特效功能也只
能在此模式中進行。如果編輯的畫面有特殊的用途，也請在RGB模式編
輯完成後，再轉換成CMYK、灰階、點陣圖、雙色調等模式。

CMYK色彩模式

CMYK色彩模式是由青、洋紅、黃、黑四種色料所組成，和RGB不
同的是，螢幕上看得到的色彩，並不保證印刷印得出來。如果影像畫面
將來要印刷輸出，為了在編輯過程中感受CMYK的色彩效果，可以執行
「檢視／色域警告」指令來檢視畫面，就可以知道哪些色彩是印表機無法
列印的。

如右下圖所示，天空的部分在色域警告中呈現灰色，就表示該區域是
色料無法列印出來的區域。所以當各位利用「影像／模式／CMYK」指
令將影像轉換成CMYK的色彩模式後，該區域的色彩就明顯比原先的畫
面稍微暗淡些。

RGB模式下所看到的畫面　　執行「檢視／色域警告」所看到的畫面

0-4 版面尺寸設定

　　從事美術設計時，版面尺寸的設定不可不知，因為它關係著未來成品的品質。通常在開始設計時，設計者必須先根據畫面的用途來決定畫面的尺寸和解析度。請執行「檔案／開新檔案」指令，視窗中就有提供「相片」、「列印」、「線條圖和插圖」、「網頁」、「行動裝置」、「影片和視訊」等類型的預設集可以選用。

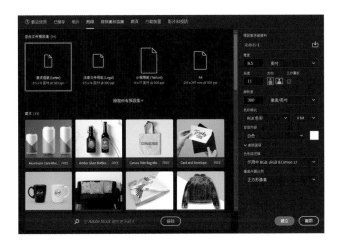

　　基本上，印刷用途的版面，其預設的解析度爲「300」，色彩模式爲「RGB色彩」，等畫面完成後再利用「影像／模式／CMYK色彩」指令將影像轉換成CMYK色彩。尺寸設定部分，度量單位可選用「公分」，若爲滿版的畫面，建議在天、地、左、右四邊再加入出血值0.3或0.5公分。對於多媒體或網頁用途的版面，其預設的解析度爲「72」，色彩模式爲「RGB色彩」，度量單位則爲「像素」，而影片／視訊／行動裝置用途的版面，可直接選用預設集中的尺寸即可。

　　確定版面後，這樣在編輯時才能依據整體畫面來編排效果，插入進來的圖片也是直接在此版面中進行縮放處理。

0-5 裁切與出血

　　當印刷物的背景非白色時，通常都是在設計時以顏色填滿整個背景。「出血」是在文件尺寸的上、下、左、右四方各加大3mm或5mm的填滿區域，如此一來當印刷完成後以裁刀裁切文件尺寸時，即使對位不夠精準，也不會在文件邊緣出現未印刷到的白色紙張，畫面才會完整無缺。所以，設計滿版的出版品，就必須加入出血的區域。

在影像之外加入3mm的出血設定，即使裁刀未正確的裁切在線上，也不會露出紙張的白色

0-6 檔案格式的選用

使用Photoshop來編排版面，當然要儲存爲Photoshop特有的檔案格式*.psd，因爲它會保留所有編輯的相關資訊，諸如：圖層、色版、特別色、備註、路徑、ICC描述檔等。這樣下回再開啓影像檔時，就可以繼續針對已編輯的圖層、路徑、色版等做編修。由於很多軟體都支援psd格式，所以也可以直接將完成的psd檔案匯入到其他軟體中做整合，就算不支援，也可以等完成版面編排後，再依需要轉存成其他格式。目前印刷或網頁上常用的檔案格式有下列幾種：

TIFF格式

TIFF是一種點陣圖格式，幾乎所有的影像繪圖軟體或排版軟體都支援它。通常書刊之類的印刷品，都會將影像轉換成CMYK模式，再選用TIFF格式作儲存。由於它可以儲存Alpha色版，也可以儲存剪裁的路徑，讓圖形做去背景的處理，使版面編排更有彈性和美感，而且可以作爲不同平台之間的傳輸交換，所以印刷排版時都會選用TIFF格式。

JPEG格式

JPEG是Joint Photographic Experts Group的縮寫，是一種有損失的壓縮演算法，可讓影像檔輕鬆壓縮到原檔案的五分之一，甚至更高的壓縮比例，因此適合在網路上作傳輸。選用JPEG格式時，選項視窗中可由使用者自行設定壓縮的比例與品質，以Photoshop爲例，除了使用「檔案／轉存／傳存爲」指令可以選用GIF、JPEG、PNG、SVG等格式。

GIF格式

GIF（Graphics Interchange Format）格式是一種點陣圖形的影像交換格式，在網際網路初期，由於它的體積小，可支援透明色，又能支援動畫，因此廣泛被運用在網頁設計之中。缺點是只能以256色顯示影像畫

面，所以比較適合應用在少量顏色的影像上，對於具有漸層色或豐富色彩的影像照片，其顯現效果較差。

PNG格式

PNG格式是最晚發展出來的網路傳輸圖形格式，它能將影像壓縮到極限，以利網路上的傳輸，又是屬於非破壞性的壓縮格式，能保留原有影像的品質，而且可支援透明區域，因此成為美術設計師或網頁設計師的新寵兒。

0-7 著作權概念

所謂的「著作權」是政府授予著作人、發明人、原創者的一種排他性權利，就法律的角度來解釋，它包含了文學、科學、藝術或其他學術範圍的創作，甚至包括語言著作及視聽製作，都是屬於智慧財產權的一種。

對於美術設計師來說，很多的版面設計都需要影像或圖片來妝點或說明，而圖像的取得便成為是美術設計師傷腦筋的地方。到底什麼樣的插圖會擁有著作權？如何使用才不會觸犯著作權法？相信是很多設計師需要建立的觀念。

很多人習慣利用網路來查詢資料，透過「Google」的「圖片」功能，只要在搜尋欄中輸入搜尋的主題，兩三下就可以找到數百張的各式精美圖片，而且在圖片上按下滑鼠右鍵，就可以儲存圖片至電腦中，相當的方便。

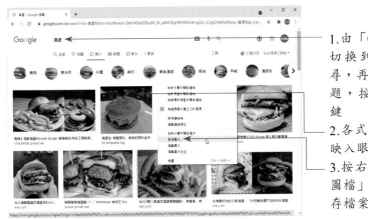

1. 由「Google」網站切換到「圖片」搜尋，再輸入搜尋的主題，按下「Enter」鍵
2. 各式各樣的插圖就映入眼簾中
3. 按右鍵執行「另存圖檔」指令，即可儲存檔案到電腦中

　　對於這些下載下來的圖片，如果直接編排在各位的版面中，而這些設計作品都是要作為印刷或出版用途，那麼肯定已經觸犯了著作權法。如果是將下載下來的圖片，利用繪圖軟體作影像合成，再加入個人的創意與構思，讓合成後的畫面已經看不出原先的影像風貌，這樣就比較不會觸犯到著作權。

　　有時候，版面上會運用到一些小圖示，以作為項目清單或點綴之用，或是作為邊框裝飾，難道也要大費周章的作合成嗎？在法律上認定，著作財產權的存續期間，於著作人之生存期間及其死後五十年。早期的插畫圖案，如果認定它的年代久遠，應該就比較沒有著作權的問題。如果是從網路上找到的向量插圖，最好能夠加以分解、變形，或是取其中的一小部分，再作複製、變形處理，這樣也就不會有侵權的疑慮。

　　網際網路是一個虛擬且無限寬廣的世界，對於文章、音樂、圖片、攝影、視聽作品、電腦程式等的分享與流通速度，也比以往的時代更快速便捷，這些心血結晶的創作仍受著作權法的保護，期望大家都有著作權的觀念，免得濫用圖像而惹來侵權的紛爭。

第一章

工作場域初體驗

要學習軟體的使用，首先要對工作環境有所認知，如此一來，當書中提到某個工具或功能指令時，才能快速找到並跟上筆者的腳步。

1-1 認識工作環境

請先啓動Adobe Photoshop程式，啓動後的畫面上並不會有任何可供編輯的檔案，這是因爲Photoshop並不知道各位所要編輯的檔案尺寸。點選「新建」鈕，設定任一尺寸並按下「建立」鈕將看到如下的視窗介面。

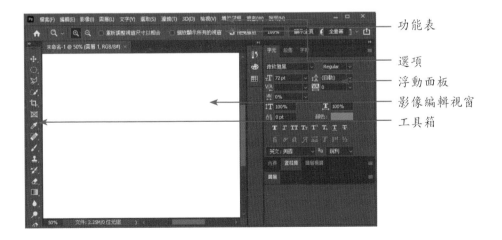

功能表

選項

浮動面板

影像編輯視窗

工具箱

1-1-1 工具箱

　　工具箱位於視窗左側，可讓使用者選取、繪製、裁切、移動、更改前景／背景色彩、切換遮色片模式、切換視窗模式等，是編輯影像時不可或缺的重要助手。各位將滑鼠移到工具鈕上時，它會以標籤顯示該工具鈕的用途。工具鈕右下方若包含三角形標記，只要在此標記上按住滑鼠左鍵，即會列出該類的其它工具，以方便更換到其他的工具鈕。如果視窗上未顯示工具箱，可執行「視窗／工具」指令使其顯現。預設狀態是將工具排成一列，按滑鼠兩下於工具頂端的深灰色，則可切換成兩排形式。

1-1-2 選項

　　選項會依據選擇工具的不同而顯示不同的選項內容。若視窗中未顯示選項，請執行「視窗／選項」指令將其開啓。

1-1-3 浮動面板

　　浮動面板是以堆疊群組的方式，分門別類地排列在浮動視窗槽中，使用者可改變浮動面板的位置，或將面板放大／縮小，或是置於視窗邊緣使成為圖示鈕，以增加影像文件的顯示空間。如果按住標籤並向外拖曳，可使該標籤的內容成為一個獨立的浮動面板。

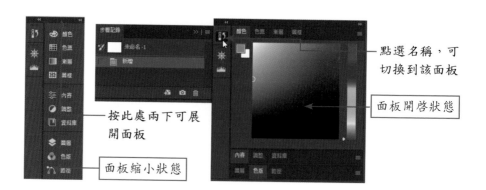

1-1-4 工作區

　　工作區是放置工具箱、浮動面板及影像編輯視窗的地方，工作區內可以放置多個影像編輯視窗，方便設計者切換檔案。

1-1-5 影像編輯視窗

　　影像編輯視窗是顯示影像內容的地方，工作區中可同時開啟多個影像檔案，所開啟的檔案會以視窗顯示，作用中的檔案標籤會以較淡的灰色表示，而非作用中檔案標籤則以較暗的灰色呈現。標籤上會顯示該檔案的名稱、格式、顯示比例、色彩模式與影像色版。

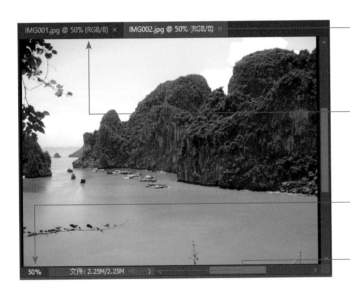

較淡的灰色標籤表示目前編輯的影像

標籤依序顯示影像檔名、格式、縮放比例、色彩模式等資訊

顯示文件縮放比例

文件的相關資訊

1-2 工具大集合

　　視窗左側的「工具」面板包含了六十多種常用的繪圖工具和編修工具，依類別可區分為選取工具、繪圖工具、文字工具、上彩工具、修復工具、圖形工具、切割工具、輔助工具等，工具相當齊全且豐富。

1-2-1 選取被隱藏的工具

在有限空間裡要擺放眾多工具並不容易，因此很多工具是被隱藏起來。為了有效的呈現所有工具，在工具鈕右下角如果出現三角形的圖示，就表示裡面還有其他工具可以選用。如圖示：

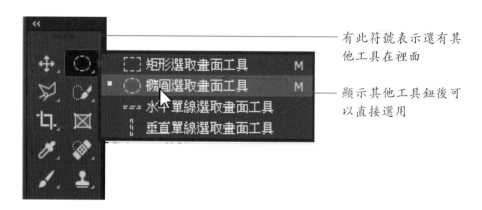

選用工具後再從「選項」做屬性方面的設定，這樣可讓工具的使用達到更多的變化效果。

1-2-2 設定使用色彩

在工具下方Photoshop有提供前／背景色的設定，只要點選色塊，即可進入「檢色器」視窗做顏色的設定。

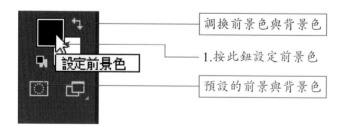

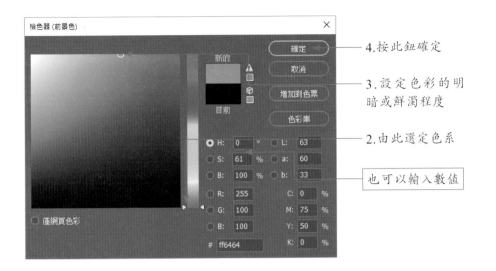

4.按此鈕確定

3.設定色彩的明暗或鮮濁程度

2.由此選定色系

也可以輸入數值

5.前景色更換完成

　　檢色器中如果出現 ⚠ 符號，表示顏色超出印表機的列印範圍，如果出現 🔷 則表示該顏色非網頁安全色。此時只要按一下該圖示，Photoshop就會自動將顏色變更為最接近的顏色。

1-3 輔助工具

　　設計版面時設計師經常會運用一些工具來輔助設計，諸如：利用尺規來做丈量、利用線條來分割版面區塊、或是方格紙來設計圖形 / 文字等。當然，利用電腦來從事設計時，Photoshop也有提供這些輔助工具，現在就來了解這些輔助工具的使用方法。

1-3-1 尺標

　　要顯示尺標請執行「檢視／尺標」指令，即可在影像編輯視窗的上方和左側看到尺標。

水平尺標

垂直尺標

1-3-2 參考線

　　出現尺標後，由水平尺標往下拖曳，或是由垂直尺標往左拖曳，即可拉出線條。

由垂直尺標往右拖曳出來的參考線

拖曳過程中，會自動顯示座標位置供使用者參考

由水平尺標往下拉出的參考線

在預設狀態下，尺標是以「公分」顯示，如果設計網頁版面時希望以「像素」來丈量，按右鍵於尺標上，即可做尺標單位的切換。

按右鍵於尺標，再選擇期望的單位

1-3-3 格點

執行「檢視／顯示／格點」指令，會在影像編輯視窗上顯示如下圖的方格狀。

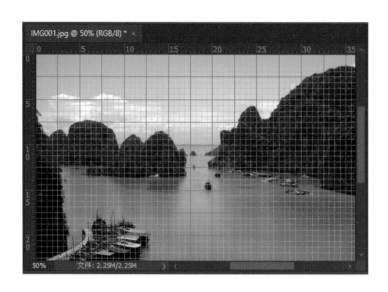

　　預設值是以灰色顯示，如需更動格點的色彩，請先執行「編輯／偏好設定／參考線、格點與切片」指令，然後在如下的視窗中做設定。

—— 由此下拉選擇顏色
—— 這裡可以選擇直線、虛線、或點
—— 由此設定主參考線的間距

課後習題

選擇題

1. ( ) 下面哪個面板會依據工具的不同而顯示不同的內容？
       (A)選項　(B)內容　(C)調整　(D)資訊

2. ( ) 下列何者對於浮動面板的說明有誤？
       (A)可將面板放大或縮小　(B)面板可變成圖示鈕　(C)可改變面板放置的位置　(D)可由「檢視」功能表開啟面板

3. ( ) 下面哪個選項不會顯示在影像編輯視窗中？
       (A)檔案名稱　(B)儲存設備　(C)檔案格式　(D)顯示比例

4. ( ) 下列何者說明不正確？
       (A)工作區是放置工具的地方　(B)Photoshop可以同時開啟多個編輯檔案　(C)尺標用來丈量尺寸　(D)參考線必須透過尺規才可拉出

問答題

1. 請問在檢色器中出現的▲符號與●符號，各表示什麼意思？

2. 請說明如何從影像編輯視窗中拉出參考線，並更換尺標的度量單位。

3. 請從工具中設定前景顏色設為R：255、G：0、B：0的正紅色，背景色設為R：68、G：255、B：54的螢光綠。

第二章

輕鬆上手的操作基本功

2-1 文件的建立與開啟

在前面的章節中，相信各位對於Photoshop的工作環境已經有所了解，現在要來學習檔案的開啟方式，包括新／舊檔的開啟，建立良好的觀念才能有好的開始。

2-1-1 開新檔案

執行「檔案／開新檔案」指令會顯現如下的「新增文件」視窗，視窗中包括相片、列印、線條圖和插圖、網頁、行動裝置、影片和視訊等類別。各位可以預先挑選類型後，再由「尺寸」當中選擇所需的長寬尺寸，如果需要特別的尺寸或解析度，也可以自行在「寬度」、「高度」、「解析度」中輸入，設定完成後按下「建立」鈕，新增的空白檔案就會顯示在工作區中。

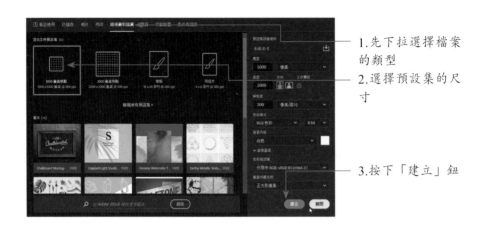

1.先下拉選擇檔案的類型

2.選擇預設集的尺寸

3.按下「建立」鈕

　　一般來說，即使作品將來為印刷用途，色彩模式也是設定為「RGB色彩」，這樣才能在Photoshop中使用各種的濾鏡特效，等作品完成後再依需求轉換成CMYK的色彩模式。

2-1-2 開啟舊有檔案

　　要開啟舊有檔案請執行「檔案／開啟舊檔」指令，即可顯示視窗選取檔案。

1.加按「Ctrl」鍵可以選取不相鄰的檔案

2.按此鈕開啟

3.影像已顯示在
工作區中

2-2 圖像的取得

要取得數位影像，除了現成的圖檔可直接利用「檔案／開啟舊檔」指令開啟外，書報上的圖片必須透過掃描器來掃描，你也可以直接從數位相機或智慧型手機取得影像，至於向量圖形則是利用「置入」的方式加入到編輯視窗中。

2-2-1 掃描圖片與讀入數位相機相片

報章雜誌上的圖片如果想要變成Photoshp可以讀取的數位影像，必須透過掃描器掃描才行。當掃描器透過USB連接線與電腦相連接後，由Photoshop中執行「檔案／讀入／WIA支援」指令即可進行掃描。

1.執行「檔案／讀
入／WIA支援」
指令進入此視窗
2.勾選此項
3.按下「開始」鈕

4. 選取裝置

5. 按下「確定」鈕

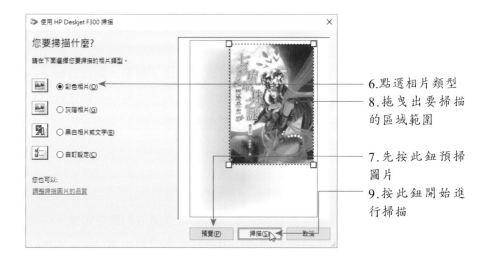

6. 點選相片類型

8. 拖曳出要掃描的區域範圍

7. 先按此鈕預掃圖片

9. 按此鈕開始進行掃描

　　完成如上動作後，圖片就會自動顯示在Photshop的工作區中。利用「檔案／讀入／WIA支援」指令，除了可以使用掃描器掃描影像，也可以從WIA相容的數位相機中取得影像。只要相機裝置已開啓電源，並與電腦相連接，執行「檔案／讀入／WIA支援」指令，按下「瀏覽」鈕找到目的地檔案夾，點選要使用的相片縮圖，即可取得數位相片。現今智慧型手機當道，手機不但可以打電話、上網、也可以拍攝相片，功能不輸數

位相機且輕巧方便。只要用USB傳輸線連接手機和電腦，就可以將相片複製到電腦桌面上，是數位影像取得的好幫手。

2-2-2 置入嵌入的物件

「檔案／置入嵌入的物件」指令可以將向量圖形（*.ai、*.eps）、可攜式文件格式（*.pdf）、插圖（*.pct、*.jpg、*.png、*.pcx、*.tga等）檔案格式置入到所開啓的檔案中，因此各位必須先開啓一個檔案才可選用這個指令。另外「檔案／置入連結的智慧型物件」則是以連結的方式呈現物件，此種方式必須將物件檔與Photoshop檔案放置在一起，否則輸出時找不到連結物件，會影響輸出的品質。

此處以常用的向量圖形做示範，所置入的向量圖形在Photoshop中仍然保有原向量圖形的特點，因此經過多次縮放也不會變模糊。

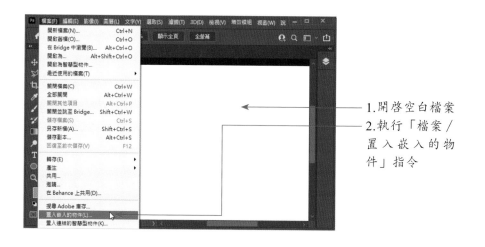

1.開啓空白檔案
2.執行「檔案／置入嵌入的物件」指令

CHAPTER

2

3.選取向量圖形
的檔案

4.按此鈕置入圖
案

5.下拉「作品方
塊」

6.按此鈕確定

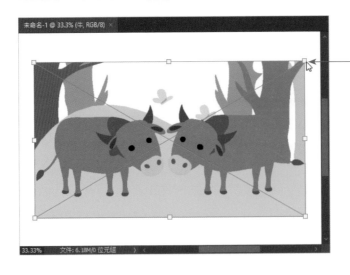

7.由四角的控制
點縮放圖形的尺
寸,確定位置後
按「Enter」鍵確
認

2-3 影像尺寸調整

　　在進行影像編修或合成的過程中，並非每個來源影像的大小都是剛剛好，為了能夠設計出自己滿意的作品，就必須對來源的影像尺寸進行調整，或解析度的變更，以符合設計上的需求，這裡就針對影像調整的幾種方式做說明。

2-3-1 調整影像尺寸

　　要縮放影像尺寸，利用「影像 / 影像尺寸」指令就可以辦到，但因為點陣圖在縮放時會產生失真的現象，要特別注意。

1.開啟影像檔

2.執行「影像 /
影像尺寸」指令

3.選擇丈量的單位
4.輸入所要的寬度
或高度
5.按此鈕確定，即
可完成尺寸的調
整

CHAPTER

2

2-3-2 裁切工具裁切影像

要對影像進行裁切，將不要的地方去除掉，只留下所要使用的影像範圍，可使用工具箱上的「裁切工具」來處理。Photoshop裡的「裁切工具」相當聰明，除了可以快速選擇常用的相片尺寸外，還可以透過黃金比例、黃金螺旋形、對角線、三等分等美術構圖技巧來裁切相片喔！其使用技巧如下：

2.由此下拉選擇 2：3的比例

1.開啓影像後，由此先選擇「裁切工具」

3.由此下拉可以選擇構圖的方式

4.以滑鼠移動位置，並可拖曳四角來決定保留的區域範圍，決定位置後按「Enter」鍵確定

5.顯示裁切後的
畫面效果

如果原先拍攝的照片有歪斜的情況，也可以利用「裁切工具」中的
「拉直」功能來調整喔！

2.點選「拉直」鈕

1.點選「裁切工具」

3.滑鼠按此處

4.拖曳到左側，使顯現如圖的直線

5.按「Enter」鍵
確定裁切後，海
平面變平行了

2-3-3 擴充影像版面

「影像／版面尺寸」的功能主要在影像的周圍擴充出空白的區域，使用時主要是透過錨點的位置來決定擴充的方向。

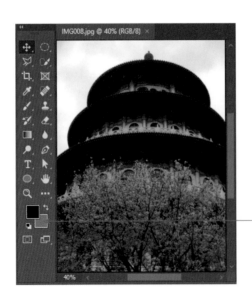

1.開啓影像檔後，先決定背景顏色，再執行「影像／版面尺寸」指令，使進入下圖視窗

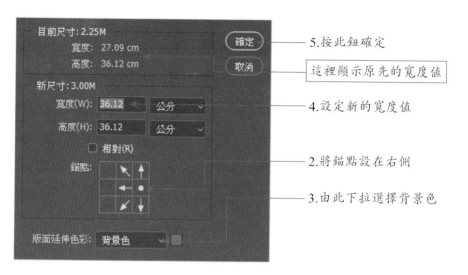

5.按此鈕確定

這裡顯示原先的寬度值

4.設定新的寬度值

2.將錨點設在右側

3.由此下拉選擇背景色

6.錨點設在右側，則擴張的版面在左側囉！

　　如果希望能從畫面的四周擴充，那麼請將錨點設在中間的位置，如圖示：

寬度與高度各增加各4公分　　　顯示四邊皆擴充的效果

2-4 物件的選取與編輯

前面的小節各位已學會針對整張影像作裁切和調整，然而很多時候是必須做局部的調整，如何告訴Photoshop那些地方要做修正，那就必須依賴「選取工具」來選取範圍囉！這一小節中將為大家介紹各種選取工具的使用方式和技巧。

2-4-1 基本形狀選取工具

基本形狀的選取包含「矩形」、「橢圓形」、「水平單線」及「垂直單線」等四種，在選取的過程中，各種的選取工具都可以交互運用，還可以藉助「選項」列作增加、減少、或相交的設定，以便快速選取所要的區域範圍。

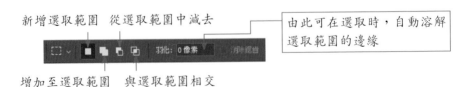

新增選取範圍　從選取範圍中減去

由此可在選取時，自動溶解選取範圍的邊緣

增加至選取範圍　與選取範圍相交

我們以下面的圖形做示範說明。

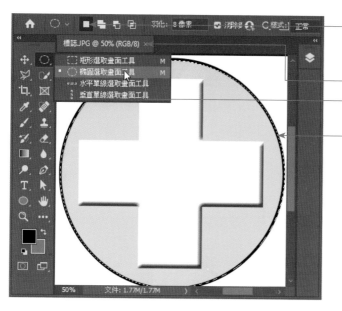

3.按此鈕設定在
「 新 增 選 取 範
圍」

1.開啓影像檔

2.點選「橢圓選
取畫面工具」

4.至頁面上拖曳
出如圖的圓形區
域範圍

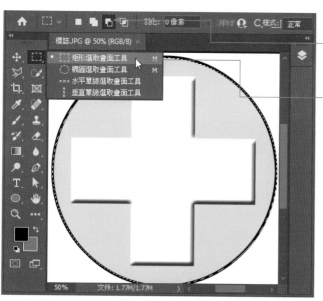

6.按此鈕設定爲
「從選取範圍中
減去」

5.切換到「矩形
選取畫面工具」

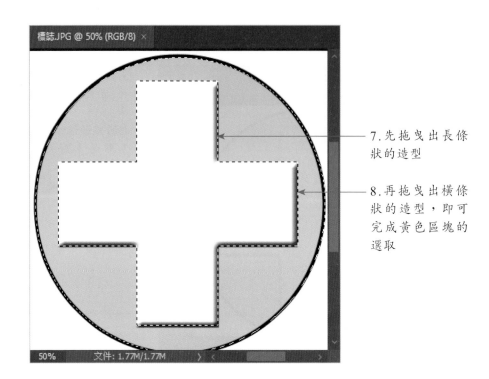

7.先拖曳出長條狀的造型

8.再拖曳出橫條狀的造型，即可完成黃色區塊的選取

在「矩形選取畫面工具」與「橢圓形選取畫面工具」的選項上，還有一個「樣式」的功能，它除了以拖曳的方式來選取矩形 / 橢圓形外，也可以讓使用者固定尺寸或固定比例。

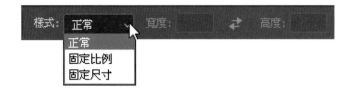

➢固定比例：根據輸入的寬度與高度，所拖曳出來的區域範圍會符合此比例。

➢固定尺寸：可精確設定選取範圍的寬度與高度。

這裡以實例跟各位說明使用的方法。

3.設定寬高為1：2

2.樣式設為「固定比例」

1.點選「橢圓形選取畫面工具」

4.到畫面上拖曳出區域範圍

5.以滑鼠拖曳邊框，還可以調整選取區的位置

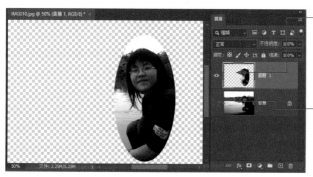

6.執行「圖層／新增／拷貝的圖層」指令，選取的範圍就會自動複製到圖層中

7.按此鈕關閉背景圖層，就會看到保留下來的橢圓造型

CHAPTER

2

2-4-2 手繪外形選取工具

手繪外形的選取工具包含「套索」、「多邊形套索」及、「磁性套索」等三種，都是利用滑鼠來進行選取作業。

套索工具

「套索工具」是利用滑鼠在影像上拖曳而建立的選取範圍。透過「選項」列上的 選取並遮住 … 鈕，還可以為選取的邊緣做平滑或羽化的程度設定。

3.按下「建立或調整選取範圍」鈕，使顯現「內容」面板

2.以滑鼠拖曳出大概的圖形區域

1.點選「套索工具」

4.設定羽化程度，可看到邊緣淡出的效果

　　　　　　　　　　　　　　　5.按此顯示輸出設
　　　　　　　　　　　　　　　　定

　　　　　　　　　　　　　　　6.下拉選擇「新增
　　　　　　　　　　　　　　　　圖層」

　　　　　　　　　　　　　　　7.按下「確定」鈕
　　　　　　　　　　　　　　　　離開

　　　　　　　　　　　　　　　8.開啓圖層面板，
　　　　　　　　　　　　　　　　就會看到選取範
　　　　　　　　　　　　　　　　圍已變成獨立的
　　　　　　　　　　　　　　　　圖層了

加油站

要讓選取的圖形具有柔和的邊緣，除了利用「選項」列上的「建立或
調整選取範圍」鈕外，也可以先在「選項」列上輸入「羽化」數值，
這樣再利用選取工具選取圖形時，就會包含柔邊效果。也可以在選取
圖形後，執行「選取／修改／羽化」指令，再於開啓的對話框中輸入
羽化的強度。

多邊形套索

　　　「多邊形套索工具」是利用滑鼠在畫面上連續點取的方式來建立多邊
形的選取範圍，適合作建築物、窗戶、星星等幾何造型的圈選。選取圖形

後若要取消選取，可執行「選取／取消選取」指令，因為一旦在空白處按下滑鼠，它又會開始進行新的選取。

磁性套索

「磁性套索工具」可以在連續點取的過程中自動偵測要選取影像的邊緣，所以適用於邊緣明顯的影像範圍。

這些選取工具都可以交互運用，或是藉助「選項」列作增／減少／相交的設定。

2.設為「新增選取範圍」

1.點選「磁性套索工具」

3.沿著人物的身體周圍依序按下滑鼠左鍵來設定位置

7.按此鈕建立或調整選取範圍

按此鈕可從選取範圍中減去

5.按此鈕，從選取範圍中增加區域

4.切換到「多邊形套索工具」

6.依序將未選取到的區域，以按滑鼠左鍵的方式加入

8.這裡下拉選擇
「新增文件」的
輸 出 方 式 ， 按
「確定」鈕離開

9.以新的空白檔案顯示選
取區的圖形

2-4-3 魔術棒工具與快速選取工具

　　「魔術棒工具」會根據滑鼠點取的顏色值及其容許度的設定來建立選取範圍，對於背景或主題較單純的圖形，利用此工具最容易選取了。至於「快速選取工具」則是在欲選取的區域上以滑鼠拖曳，也能瞬間選取畫面。

CHAPTER

2

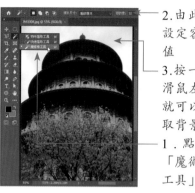
2.由此可設定容許值
3.按一下滑鼠左鍵就可以選取背景
1.點選「魔術棒工具」

2.按住滑鼠由左往右拖曳，即可選取天空
1.點選「快速選取工具」

　　利用此二工具可快速選取單純的背景，如果目標是選取前面的建築物與樹木，可在選取後執行「選取／反轉」指令。

2-4-4 圖形的變形處理

　　使用選取工具選取圖形後，可利用「編輯／任意變形」指令，或是由「編輯／變形」指令中，選擇縮放、旋轉、傾斜、扭曲、透視、彎曲、翻轉等變形處理。變形後可由「選項」上按下「確認變形」☑鈕或按「Enter」鍵，即可完成變形的處理。

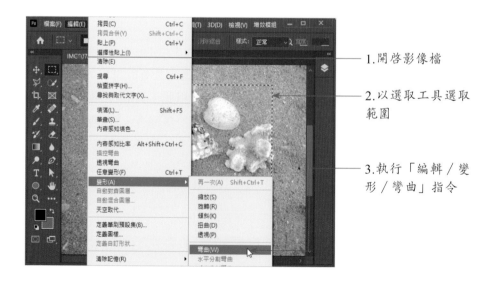
1.開啟影像檔
2.以選取工具選取範圍
3.執行「編輯／變形／彎曲」指令

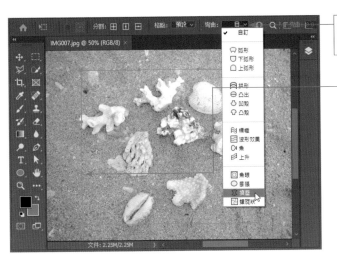

這裡也有預設的造型可以下拉選擇

4.透過控制桿也可以自由為影像作變形，確定時按下「Enter」鍵

5.影像變形完成囉！

2-5 填色與彩妝

　　有了選取範圍之後，如果需要為選取區增添色彩，不管單色、漸層色、透明色彩、或是圖樣，Photoshop都可以辦得到。這一小節中就針對填色的各項功能做介紹。

2-5-1 填滿單色

單色填色是最基本的填色效果，各位可以使用工具箱上的「油漆桶工具」，或是「編輯 / 填滿」指令，都可完成單色填色。此處先介紹「油漆桶工具」的使用方式。

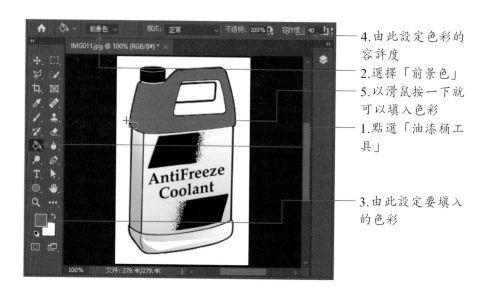

4.由此設定色彩的容許度

2.選擇「前景色」

5.以滑鼠按一下就可以填入色彩

1.點選「油漆桶工具」

3.由此設定要填入的色彩

2-5-2 填滿圖樣

要填滿圖樣，利用「油漆桶工具」或是「編輯 / 填滿」指令都可辦到。只要以滑鼠選定好區域範圍，透過「油漆桶工具」的「選項」設定為「圖樣」，即可下拉選擇圖樣。其設定方式如下：

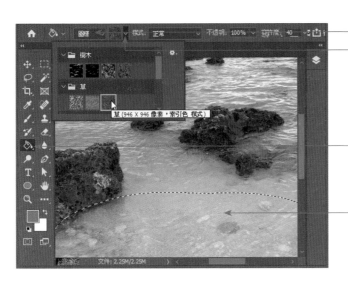

3.選擇「圖樣」

4.下拉選擇圖樣
效果

2.點選「油漆桶
工具」

1.開啟檔案後，
先以選取工具選
取要填滿的區域
範圍

5.按一下選取範
圍，原先淺水
灘，已變成草地
了

2-5-3 漸層填色

　　漸層填色可以在一個區域內填入多種顏色，同時配合不同的漸層樣式來創造出眩目的色彩變化。Photoshop所能設定的漸層類型共有5種：線性漸層、放射性漸層、角度漸層、反射性漸層、菱形漸層。都是透過「選項」列來設定。另外，漸層編輯器是Photoshop漸層效果的設計中心，使用者可在此編修或管理漸層效果。

CHAPTER

2

放射性漸層　反射性漸層

按此進入漸層編輯器　　菱形漸層

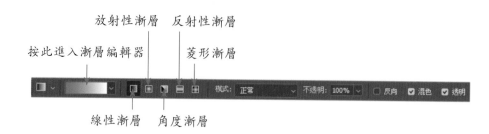

線性漸層　角度漸層

Photoshop有預設各種的漸層效果可供使用者選用，只要由色彩區塊下拉，即可選擇漸層樣式。

2.按此處

3.下拉選擇漸層樣式

1.點選「漸層工具」

4.選擇「菱形漸層」方式

6.顯示菱形的漸層變化

5.由中間到右側，拖曳出如圖的線條

接下來試著自行設定所要的漸層顏色和效果。

1.按此處一下，
使進入漸層編輯
器

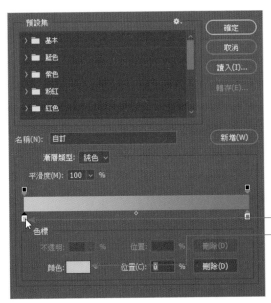

2.按此色標

3.按此色塊使進入
「檢色器」視窗，
將顏色更換為藍色

CHAPTER

2

4.按一下於此處，使加入此色標

5.按此色塊使進入「檢色器」，將
　顏色更換為紫色

由此可以設定顏色的位置

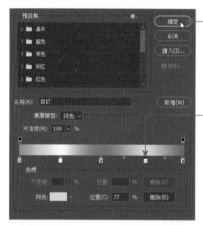

7.按此鈕確定

6.依序加入所要的漸層變化（若要
　刪除色標，只要將色標往下拖曳就
　行了）

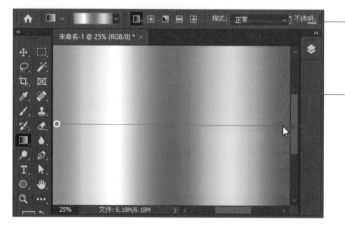

8.選擇「線性
　漸層」

9.由左向右拖
　曳，即可完成
　自訂的漸層

2-5-4 漸層透明度

　　漸層色彩中若要加入透明的效果，好讓背景層的影像可以透出來，可直接在「選項」列的「不透明」中做設定。

3.由此將不透明度由原先的「100」改爲「50」

2.選擇「線性漸層」

1.點選漸層樣式

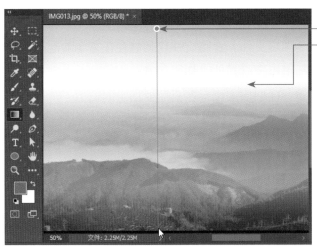

4.由上往下做漸層

5.漸層色平均以50的比例讓後方的景色透露出來

　　如果漸層中需要使用到不同的透明度變化，那麼請進入「漸層編輯器」中做設定。

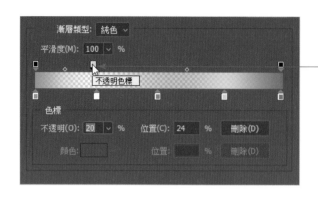

在色帶上方按下滑鼠左鍵，即可加入不透明色標，使用技巧與加入漸層的方式一樣

2-6 檔案儲存與轉存

　　檔案編輯後，為了方便將來再度地應用或編修，必須將檔案儲存下來。儲存的方式有「儲存檔案」、「另存新檔」和「轉存」三種，全部放在「檔案」功能表中。

儲存檔案 / 另存新檔

　　對於新編輯的檔案，你可以選擇將檔案儲存為雲端文件，也可以存放在您的電腦上。選擇「雲端文件」會將文件自動儲存在雲端並記下版本記錄，無論你在何處，都可以邀請其他人編輯和處理雲端文件，而儲存在「您的電腦上」就是以前一樣把檔案儲存在桌面或指定的位置。

　　如果你習慣儲存在電腦上，那麼執行「檔案／儲存檔案」指令它會開啟「另存新檔」視窗，以便你為新檔案選擇放置的位置與檔名；若是編輯已命名過的舊有檔案，執行「檔案／儲存檔案」指令則會將目前編輯的影像狀態覆蓋舊有的影像加以儲存，而不會再開啟「另存新檔」視窗。

　　儲存檔案時，除了*.psd格式外，也可下拉「格式」清單，選擇將影像儲存為其它的格式。

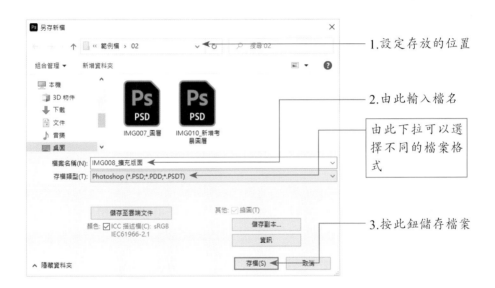

1.設定存放的位置

2.由此輸入檔名

由此下拉可以選擇不同的檔案格式

3.按此鈕儲存檔案

　　如果你想要更改存檔名稱、儲存位置，甚至於儲存成不同的檔案格式時，此時執行「檔案／另存新檔」指令，它會出現如上的視窗，設定方式相同。

轉存

　　選擇「檔案／轉存」指令，則提供如下多種的格式：

CHAPTER

2

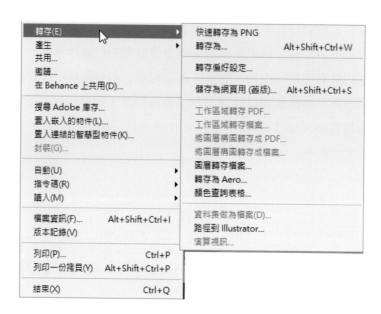

　　假如製作的畫面要作為網頁用途，可以選擇「儲存為網頁用（舊版）」或「轉存為」指令。網頁上常用的檔案格式有三種：JPG、GIF、PNG。GIF格式的顏色最多只有256色，所以不適用於顏色豐富的影像內容，不過它支援「透明色」及「動畫」，早期網頁經常看到它的蹤跡。JPG是一種使用影像壓縮技術的檔案格式，檔案容量較小，適用於全彩的影像畫面。至於PNG格式則同時包含了前二者的特點。

課後習題

是非題

1. （　）於RGB色彩模式下，才能在Photoshop中使用各種的濾鏡特效。

2. （　）掃描黑白相片時，最好選用「彩色相片」的相片類型來掃描。

3. （　） 利用「檔案／讀入／WIA支援」指令載入數位相機上的數位
影像時，載入的相片可以直接在Photoshop中開啓。

4. （　） 掃描器透過USB連接線與電腦相連接後，由Photoshop執行
「檔案／置入」指令即可進行掃描。

5. （　） 拍攝的照片有歪斜情況，也可利用「裁切工具」來拉直影
像。

6. （　） 「油漆桶工具」可填入單一色彩或圖樣。

選擇題

1. （　） 對於影像的取得，下列何者的說明有誤？
(A)向量圖形必須利用「置入」指令來置入　(B)書報上的圖
片必須利用掃描器來掃描　(C)數位相機上的圖片可利用WIA
功能來載入　(D)在未開啓任何編輯視窗下，也可以使用「置
入」指令

2. （　） 下列哪一種檔案格式無法利用「置入」指令置入到Photoshop
中？
(A)*.ai　(B)*.doc　(C)*.pdf　(D)*.eps

3. （　） 下面哪個選項對「裁切工具」的說明有誤？
(A)可選擇常用的相片尺寸　(B)提供黃金比例的構圖方式來
裁切相片　(C)提供三等分的構圖方式來裁切相片　(D)可裁
切成多邊形造型

4. （　） 下列哪個功能可在影像四周圍擴充出空白區域？
(A)影像／版面尺寸　(B)影像／影像尺寸　(C)選取／修改／
擴張　(D)影像／運算

5. （　） 對於基本選取工具的說明，下列何者不正確？
(A)「選項」列可作增加、減少或相交的設定　(B)可作「水
平單線」及「垂直單線」的選取　(C)套索、磁性套索、多邊

形套索工具都屬於基本選取工具　(D)「矩形選取畫面工具」可由「選項」上設定固定比例

實作題

1. 請將提供的圖檔,利用「橢圓選取畫面工具」和「漸層工具」,完成如圖的漸層效果。
   來源檔案:水上悠遊.jpg
   完成檔案:水上悠遊_透明漸層.jpg

來源檔案　　　　　　　　　　　　完成檔案

提示:

(1) 點選「橢圓選取畫面工具」,由「選項」列將「羽化」值設定為「50」,並在頁面上將水鴨選取起來。

(2) 執行「選取／反轉」指令,使選取外圍水域。

(3) 點選「漸層工具」,在進入「漸層編輯器」中選擇「前景到透明」的漸層效果,將色彩更換成藍色,按下「確定」鈕離開。

(4) 選項列上勾選「反向」,不透明度設為「80」,再由中間往四角的任一邊拖曳出漸層。即可完成。

2.請將提供的「小孩.jpg」圖檔，運用「編輯／填滿」指令，填入「草」
　類別中的「草」圖樣，使完成如右下圖的畫面效果。
　來源檔案：小孩.jpg
　完成檔案：小孩_填滿圖樣.jpg

　　　　原圖　　　　　　　　　　填滿「草」的圖樣

提示：

(1) 點選「矩形選取畫面工具」，羽化值設為「50」，選取下半段的影
　　像畫面。

(2) 羽化值改為「0」，將影像下方完全的選取，使到邊界的地方。

(3) 點選「多邊形套索工具」，羽化值設為「4」，由「控制」列按下
　　「從選取範圍減去」鈕，將小孩的下半身減掉。

(4) 執行「編輯／填滿」指令，內容使用「圖樣」，自訂圖樣下拉，將
　　「自然圖樣」加入，然後選取「草」的圖樣。

(5) 混合模式設為「正常」，不透明度「100」，按下「確定」鈕離
開。

(6) 執行「選取 / 取消選取」指令取消選取區就完成了。

第三章

影像編修不求人

　　拍攝的相片不理想但是又具有紀念性，這時很多人都會想到利用繪圖軟體來修正。Photoshop的色彩調整功能相當完備，也是眾多設計師的最愛，只要好好利用它的調整功能，加上學會影像的仿製與修復，就可讓一些問題相片起死回生。

3-1 影像色彩的調整

　　針對影像色彩的調整，Photoshop提供各種的自動化調整功能與自訂調整功能，現在就針對這些調整功能做介紹。

3-1-1 自動化調整

　　在「影像」功能表下，提供了「自動色調」、「自動對比」、「自動色彩」三種功能，各位不用做任何設定，Photoshop會自動為相片做最佳的處理。

原影像　　　　　　　　　　　「自動色調」調整

3-1-2 色階

　　「影像／調整／色階」指令用來調整影像色彩的亮暗或反差比例，只要影像中的色彩有偏暗、偏亮或是者對比不明顯時，都可利用這個指令來進行調整。

原影像　　　　　　　　色階調整12，1.00，142

　　「色階」功能操作技巧說明如下：

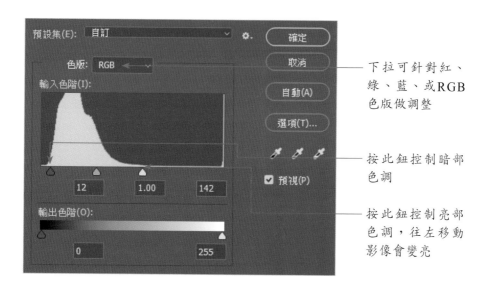

下拉可針對紅、
綠、藍、或RGB
色版做調整

按此鈕控制暗部
色調

按此鈕控制亮部
色調，往左移動
影像會變亮

3-1-3 曲線

　　「影像／調整／曲線」是利用曲線控制影像中的色彩明暗度或反差程度，甚至可以利用曲線的不規則變化來產生令人訝異的特殊效果。

原影像

曲線調整

　　如左上圖所示，背景很亮，人物卻過暗，如果希望調亮前面的人物，卻不希望背景曝光過度，可以將曲線調整如下：

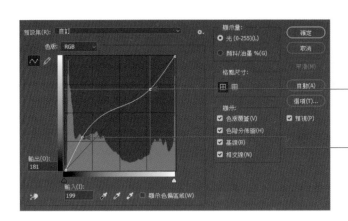

亮部曲線往下拉
會降低影像亮度

暗部曲線往上拉
會提高影像亮度

3-1-4 色彩平衡

　　「影像／調整／色彩平衡」用來控制影像中各個顏色之間的平衡度，也能用來加強中低亮度或是減低過亮的部分。

原影像

調整青色與綠色值

　　如右上圖所示，是增加青色與綠色比重的結果。另外在設定時，可在「色調平衡」中選擇要調整的是影像中的「陰影」、「中間調」或是「亮度」區域，而勾選「保留明度」會維持影像的原有的明度。

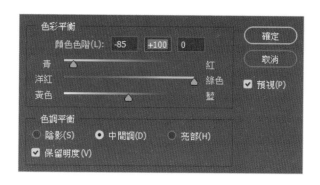

3-1-5 亮度 / 對比

「影像 / 調整 / 亮度與對比」用來調整影像中的亮度及對比。

原影像

調整亮度和對比值

影像的亮度值愈高，顏色會接近白色，反之若亮度愈低時，顏色會接近黑色。對比值愈高則顏色愈鮮豔，反之若對比值愈低，顏色愈接近灰色。

3-1-6 色相／飽和度

　　「影像／調整／色相／飽和度」用來控制影像檔案中的「色相」、「飽和度」以及「亮度」等三個部分，只要調整滑鈕，即可看到調整後的結果。

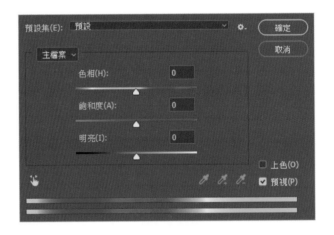

　　如果勾選「上色」，則可顯現如黑白相片彩洗的效果。

原影像

勾選「上色」

另外，「影像／調整／自然飽和度」可以加強顏色的飽和程度，讓色彩顯得更飽和艷麗。

自然飽和度、飽和度皆設為100

至於「影像／調整／去除飽和度」指令會直接將影像中的飽和度降到最低，形成黑白相片的效果。

3-1-7 漸層對應

　　「影像／調整／漸層對應」可將指定的漸層顏色套用到影像上。使用方式如下：

4.顯示漸層的影像變化

1.執行「影像／調整／漸層對應」指令進入此視窗

3.按此鈕離開

2.下拉選取漸層色彩

3-1-8 相片濾鏡

　　「影像／調整／相片濾鏡」可為影像加上攝影時所使用的濾色鏡片。和「漸層對應」不同的是，「相片濾鏡」不會用漸層色去取代舊有的顏色，只是變更其色系。

3.按此鈕確定

1.由此設定濾鏡顏色

2.設定濾鏡的濃度

3-1-9 陰影／亮部

　　「影像／調整／陰影／亮部」可針對影像中的暗部及亮部區域重新編修調整，尤其是偏暗的影像，都可以利用此功能做修正。

原影像

修正陰影和亮部的總量值

設定視窗中，如果有勾選「顯示更多選項」，還可以針對中間調的對比、色彩校正等作調整喔！

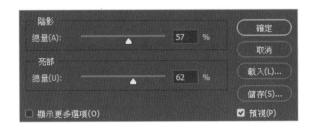

3-1-10 均勻分配

「影像 / 調整 / 均勻分配」是在最亮與最暗顏色之間做亮暗的平均值轉換，所以會讓原本亮的更亮、暗的更暗，以增加色彩的平衡度。

原影像　　　　　　　　　　　　　　均勻分配

3-1-11 臨界值

「影像 / 調整 / 臨界值」是指將影像中的顏色反差程度調整到只剩下黑色及白色二色。

原影像

　　如上圖所示，設定的臨界值層級不同，所得到的黑白影像效果也不同。

臨界值90

臨界值145

3-1-12 色調分離

　　「影像／調整／色調分離」是依據使用者所設定的顏色階層數，將影像中色調相近的顏色進行合併，而產生顏色數減少的效果。

3-1-13 HDR色調

　　「影像／調整／HDR色調」所提供的顏色控制項目相當多，包括邊緣光暈、色調細部、進階。請直接拖曳該項的滑鈕，即可看到修正結果。

3-2 影像的仿製與修復

　　影像上有缺失，諸如畫面上有多餘的人物、污點、雜紋等，若想要將它們去除，以保持影像畫面的美感，那麼這一小節的內容就非看不可。

3-2-1 仿製印章工具

　　「仿製印章工具」是以影像中的特定區域作為仿製的起始點，之後再將指定的影像複製到所要的位置上。使用時可利用「Alt」鍵指定仿製的起始點位置。

2.由此設定筆刷大小

3.加按「Alt」鍵設定此為仿製起始點

1.點選「仿製印章工具」

4.按住滑鼠拖曳在多餘的人物上，即可以海水填滿之

十字位置即為滑鼠複製的位置

3-2-2 修復筆刷工具

「修復筆刷工具」一樣是指定影像中的某一個位置做爲要修復區域的影像來源，和「仿製印章工具」不同的是，利用「修復筆刷工具」修復後的影像會和原來的影像產生自然融和的效果。使用前一樣必須利用「Alt」鍵設定來源錨點，否則會出現如下圖的警告視窗。

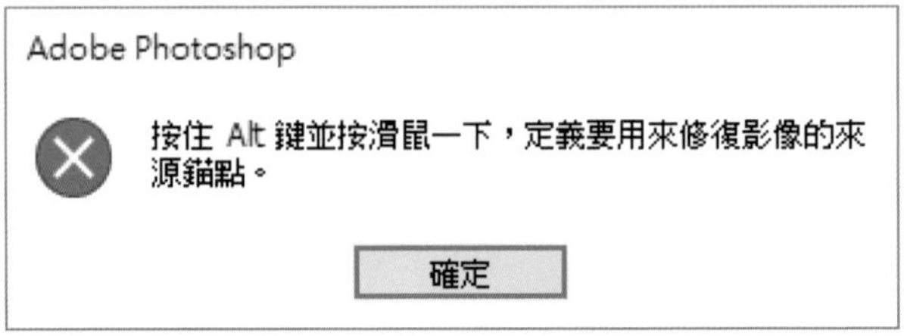

3-2-3 修補工具

和「修復筆刷工具」一樣都是用來修復影像中的雜點，但是做法和「修復筆刷工具」不同，「修補工具」可先選取要修補的影像區域，再將此區域拖曳到要複製的區域內。方式如下：

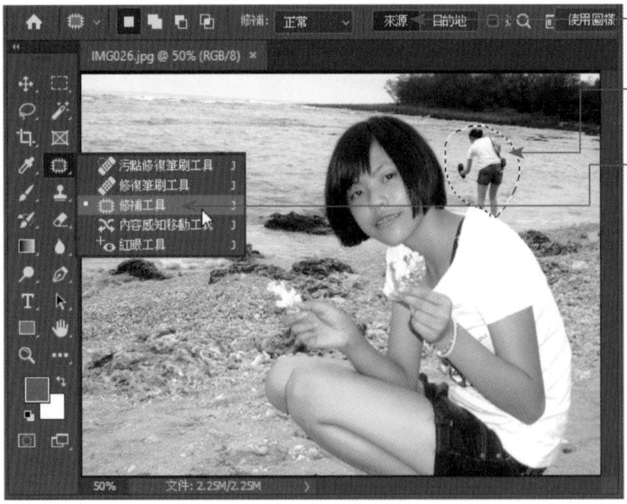

4.將多餘的人物拖
曳到左側的海水
區域，修補就完
成囉！

3-2-4 污點修復筆刷

「污點修復筆刷」可用來清除影像中的一些細小雜點，並同時會自動
將修復的區域和周圍的影像進行調和，以確定影像的完整性。如下範例所
示，菇上的木屑透過「污點修復筆刷」即可一一清除。

2.由此設定筆刷
大小

1.點選「污點修
復筆刷工具」

瞧！菇上有許多
的小木屑

3.以滑鼠拖曳有
木屑的地方

4.瞧！污點不見了

5.以同樣方式修復
其他污點

3-2-5 紅眼現象

　　在夜晚拍攝人像時，由於燈光效果較差，通常各位會開啓相機的閃光
燈來補光線之不足。如果拍攝的人像因爲閃光燈直射到眼睛而顯現出紅色

眼珠的現象，那麼可以利用工具箱中的「紅眼工具」  來將它消除。使用方法很簡單，只要選取工具後，以滑鼠拖曳在眼睛的區域範圍，即可消除紅眼現象。

1.點選「紅眼工具」

2.以滑鼠拖曳出紅眼睛的區域範圍

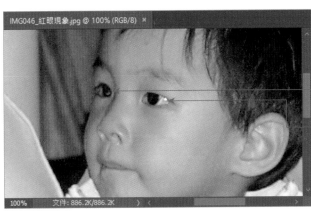

3.眼睛已恢復正常

4.以同樣方式修正另一隻眼睛

3-2-6 模糊影像背景

　　有時候人物拍得不錯，不過背景效果卻不盡理想，此時可以利用選取工具選取背景後，再利用「濾鏡 / 模糊 / 景色模糊」功能來模糊背景。方式如下：

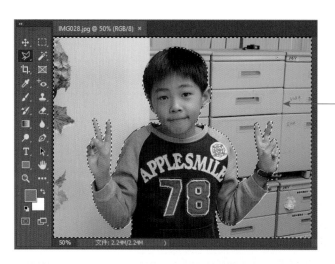

1.利用各種選取工
具選取背景影像

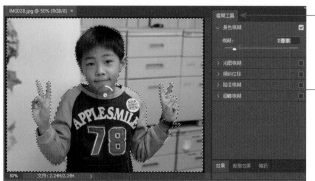

2.執行「濾鏡／模
糊收藏館／景色
模糊」指令使顯
示右側的面板

3.設定景色模糊的
程度

5.按下「確定」鈕

4.設定光圈模糊的
程度

IMG028_景色模糊.jpg @ 50% (RGB/8) ×

6.景色變模糊後，
主角更鮮明了

50%　　文件: 2.24M/2.24M　　〉

課後習題

是非題

1. (　　) 「影像／調整／曲線」指令，可利用曲線的不規則變化來產生特殊的影像畫面。

2. (　　) 使用「影像／調整／去除飽和度」指令，會把影像中變成黑白相片的效果。

3. (　　) 「影像／調整／相片濾鏡」指令會在影像上加入漸層效果。

4. (　　) 「污點修復筆刷」可清除影像中的一些細小雜點，並會自動將修復的區域和周圍的影像進行調和。

5. (　　) 紅眼現象是因為閃光燈直射眼睛所產生的現象。

選擇題

1. (　　) 下列哪一項不是Photoshop所提供的自動化調整功能？

(A)自動色調　(B)自動對比　(C)自動光線　(D)自動色彩

2. (　)　下列哪一項功能可以調整影像色彩的亮暗或反差比例？
(A)影像／調整／色階　(B)影像／調整／曝光度　(C)影像／調整／亮度／對比　(D)影像／調整／自然飽和度

3. (　)　下面哪個功能會將彩色影像轉變成只有黑與白兩種色彩？
(A)影像／調整／色階　(B)影像／調整／陰影／亮部　(C)影像／調整／臨界值　(D)影像／調整／亮度與對比

4. (　)　使用「仿製印章工具」前，必須利用哪個鍵來設定仿製的起始點？
(A)Alt鍵　(B)Shift鍵　(C)Ctrl鍵　(D)Space鍵

實作問答題

1. 請將人物臉上的青春痘及鬍鬚，利用「修復筆刷工具」修除掉。

　　來源檔案：男人.jpg

　　完成檔案：男人_修復筆刷.jpg

來源檔案　　　　　　　　　　　　　完成檔案

提示：

點選「修復筆刷工具」後，先按「Alt」鍵設定來源錨點，再依序修復青春痘及鬍鬚。

2. 瞧瞧這隻牛身上有很多蚊蟲，請利用「污點修復筆刷工具」將它修除。

來源檔案：牛.jpg

完成檔案：牛_修復筆刷.jpg

來源檔案　　　　　　　　　　　　　　完成檔案

提示：

點選「汙點修復筆刷工具」後，直接以滑鼠點選汙點處，即可修復。

3. 請將圖中的立體字修飾得更鮮明些，同時模糊背景中的建築物，使主題更強眼。

來源檔案：立體字.jpg

完成檔案：立體字ok.jpg

來源檔案　　　　　　　　　　　完成檔案

提示：

(1) 執行「影像／調整／色階」指令，將右側的三角形鈕左移，使調整
　　立體字的對比，按「確定」鈕離開。

(2) 以「多邊形套索工具」選取背景的天空與建築物，執行「濾鏡／模
　　糊收藏館／景色模糊」指令，將「模糊」值設為「40」，按下「確
　　定」鈕離開。

4. 相片裡美中不足的是背景的右側有個男人的褲子，以及左上角拍攝到樹
　 叢的陰暗處，請利用Photoshop的「仿製印章工具」將這兩項缺失修復。
　 來源檔案：大猩猩.jpg
　 完成檔案：大猩猩ok.jpg

來源檔案　　　　　　　　　　　完成檔案

提示：

(1) 點選「仿製印章工具」，加按「Alt」鍵設定仿製起始點，再依序
修復影像。

第四章

唯美造型運用的進階技巧

　　Photoshop雖然是影像編輯軟體，不過軟體中也可繪製向量圖形，甚至可以將色版進行運算，來變化出更多的效果，所以美術設計人員千萬不要忽略這章的介紹內容，它將是你邁入影像繪圖高手的重要關鍵。

4-1 形狀繪圖與路徑繪圖

　　Photoshop的路徑工具不只繪製幾何造型外，還能繪製彎曲的線條或造型，利用形狀圖層創造出來的圖形，還可以加上圖層樣式，使產生更多的變化。除此之外，藉由路徑還可以圈選出之前不容易選取的範圍，或是將路徑剪裁，即可作成去背景的圖形供排版之用。這一章節就針對路徑繪圖和色版的運用作說明。

4-1-1 形狀工具

　　在工具箱中，要繪製向量圖形，可以選擇「矩形工具」、「圓角矩形工具」、「橢圓形工具」、「多邊形工具」、或「自訂形狀工具」，另外也可以繪製直線或包含箭頭的線條。

CHAPTER

4

由此下拉切換形狀工具

點選形狀工具後，透過「選項」列可繪製形狀圖層、一般路徑、或是像素填色。

形狀圖層

同時具有造形及填色效果的圖層，可獨立編輯。透過「選項」列可為造型填入單色、漸層、材質，也可加入線條樣式、或是做組合、相交等處理。

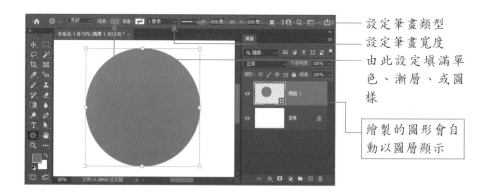

設定筆畫類型

設定筆畫寬度

由此設定填滿單色、漸層、或圖樣

繪製的圖形會自動以圖層顯示

以形狀工具繪製為「形狀」圖層後，它會自動顯示「內容」面板，方便各位調整形狀的大小，或個別編輯圓角半徑的設定。

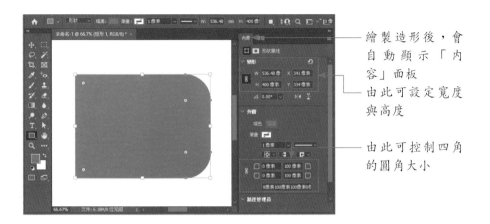

繪製造形後，會自動顯示「內容」面板

由此可設定寬度與高度

由此可控制四角的圓角大小

一般路徑

選擇「路徑」只會顯示線條外形，不具填色效果。不過透過「選項」列可將路徑轉為選取區或形狀圖層。

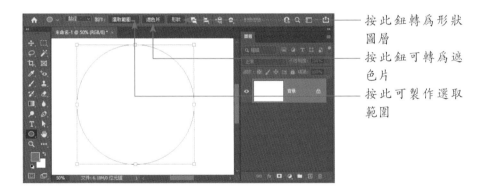

按此鈕轉為形狀圖層

按此鈕可轉為遮色片

按此可製作選取範圍

像素填色

填色範圍是一個上色區域，繪製於背景圖層上。

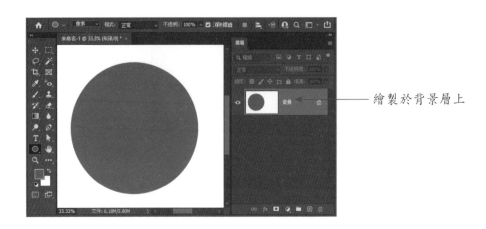

繪製於背景層上

4-1-2 形狀的運算

　　使用「形狀」圖層和「路徑」繪製造型時，各位還可以透過「選項」列的「路徑操作」鈕來做圖形的運算，這樣就可以產生各種複雜的圖形。

　　這裡以實例來告訴各位使用技巧。

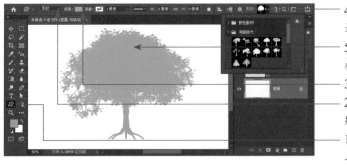

4.由「形狀」下拉選擇「有葉樹木」

5.至頁面上拖曳出樹木造型

3.設定填滿的顏色

2.由此選擇「形狀」模式

1.點選「自訂形狀工具」

6.圖形選取的情況
下,下拉選擇「排
除重疊形狀」

7.改選「橢圓工
具」造型,再到頁
面上拖曳出該造型

9.下拉選擇「形
狀組件」,使轉
為一般路徑

8.拖曳出如圖的
圓形造型

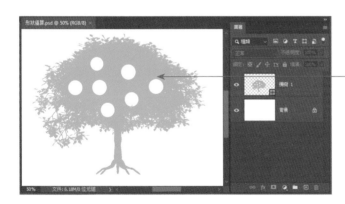

10.依此技巧,即
可完成造型組合

　　繪製後的圖形,除了可以透過「圖層」面板來增加圖層樣式外,如果
想要填滿漸層色或圖樣,只要利用「選項」列就可以輕鬆辦到。

1.按此色塊

2.下拉按此鈕，使選擇「漸層」

3.由此選擇漸層效果（若要自訂漸層，請依漸層設定方式做設定）

4-1-3 筆型工具

　　Photoshop中的筆型相關工具有如下幾種：

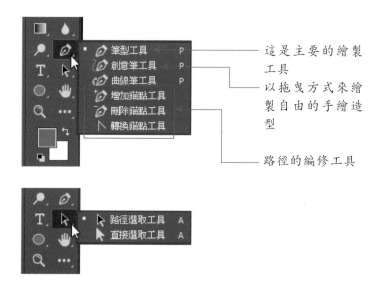

這是主要的繪製工具

以拖曳方式來繪製自由的手繪造型

路徑的編修工具

　　筆型工具主要用來繪製一般的路徑（貝茲曲線），是向量軟體中主要的造形繪製工具。路徑本身具有極高自由度的編輯彈性，因為它是透過「錨點」和「控制點」來控制造型。

錨點

　　用來調整路徑外形。其類型可分為「平滑錨點」和「尖角錨點」兩種，通常夾角角度大於180度就屬於「平滑錨點」，若小於180度時就屬於「尖角錨點」。

控制點

　　用來控制曲線弧度。

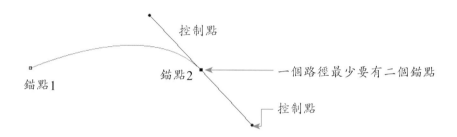

　　基本上，「筆型工具」是利用「直接點取」或「點取拖曳」的方式來繪製出徑造形。

➤ 直接在畫面上連續的「直接點取」，可繪製直線路徑。

➤ 若要繪製曲線則採用「點取拖曳」的方式，而加按「Alt」鍵可以讓右側的控制點不顯現出來，以方便下一個節點的繪製。

CHAPTER

4

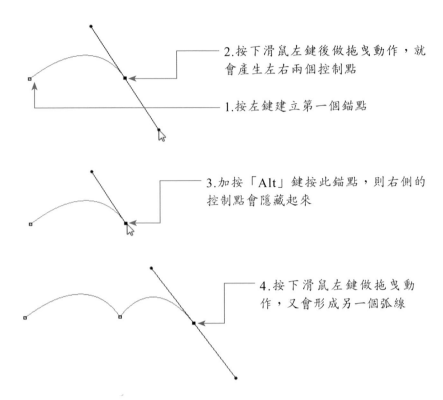

2.按下滑鼠左鍵後做拖曳動作，就
會產生左右兩個控制點

1.按左鍵建立第一個錨點

3.加按「Alt」鍵按此錨點，則右側的
控制點會隱藏起來

4.按下滑鼠左鍵做拖曳動
作，又會形成另一個弧線

　　要完成封閉的造型，只要起始點和結束點相連在一起就可以了，或
是直接在「選項」列上按下「形狀」鈕，它就會自動形成封閉造型。如圖
示：

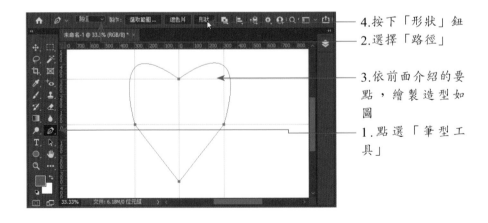

4.按下「形狀」鈕

2.選擇「路徑」

3.依前面介紹的要
點，繪製造型如
圖

1.點選「筆型工
具」

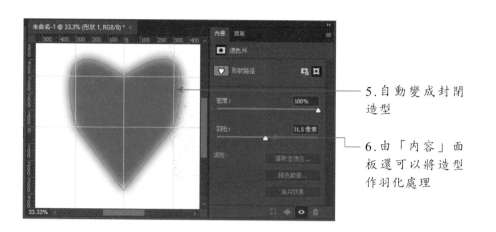

5.自動變成封閉造型

6.由「內容」面板還可以將造型作羽化處理

　　繪製後的路徑如果需要做修正，可以利用以下幾種工具來編修：

➤ 增加錨點工具：會在滑鼠左鍵按下的地方增加錨點。

➤ 刪除錨點工具：刪除點選的錨點。

➤ 轉換錨點工具：尖角及平滑節點的轉換。

➤ 路徑選取工具：調整路徑位置。

➤ 直接選取工具：可更動錨點的位置，使修改路徑的外形。

　　繪製完成的路徑會放置在「路徑面板」中，執行「視窗／路徑」指令即可顯示「路徑面板」。

剛剛製作的路徑顯示在此

4-1-4 路徑浮動面板

　　為了有效管理所繪製的路徑，Photoshop也有專屬的路徑面板，透過路徑面板不但可以從選取範圍建立工作路徑，還可以針對路徑作筆畫或填

色的處理，甚至可以利用運算操作來產生更複雜的造型。請執行「視窗 /
路徑」指令使開啓路徑面板。

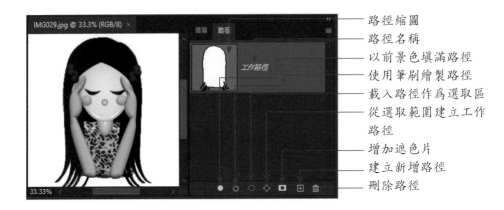

路徑縮圖

路徑名稱

以前景色填滿路徑

使用筆刷繪製路徑

載入路徑作爲選取區

從選取範圍建立工作
路徑

增加遮色片

建立新增路徑

刪除路徑

4-1-5 路徑新增與儲存

要建立路徑，除了利用前面所介紹的「筆型工具」或是「形狀工
具」的「路徑」模式來產生路徑外，也可以透過選取範圍來產生路徑喔！
方式相當簡單，這裡一併說明路徑新增與儲存的方式：

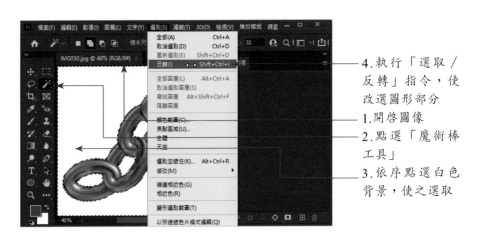

4.執行「選取 /
反轉」指令，使
改選圖形部分

1.開啓圖像

2.點選「魔術棒
工具」

3.依序點選白色
背景，使之選取

CHAPTER

4

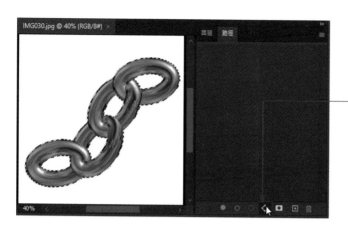

5.按此鈕，使從選取範圍建立工作路徑

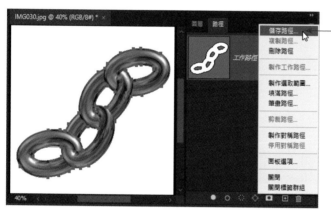

6.按此鈕，下拉選擇「儲存路徑」指令

7.輸入路徑名稱，按此鈕確定

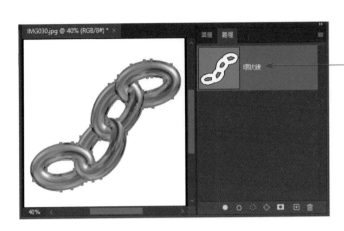

8.路徑儲存完
畢，會由斜體
字變成正體字

4-1-6 筆畫路徑

在建立路徑後，如果從「路徑」面板中按下「使用筆刷繪製路徑」

◯ 鈕，它會在路徑的外形上產生筆畫的效果，各位可以預先設定好所要
使用的筆刷粗細與顏色，再進行筆畫路徑的功能。

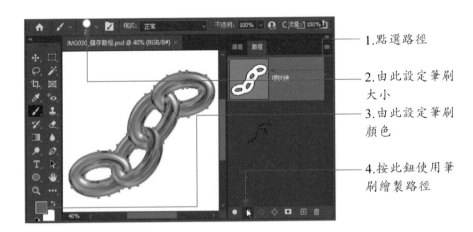

1.點選路徑

2.由此設定筆刷
大小

3.由此設定筆刷
顏色

4.按此鈕使用筆
刷繪製路徑

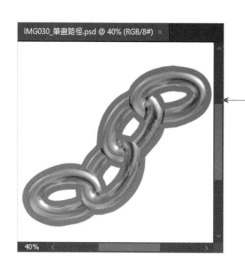

5.顯示筆畫路徑的結果

4-1-7 剪裁路徑

剪裁路徑的功能一般用在InDesign的印刷排版上，作用是讓圖形做去背景處理，以便和其他有底色的版面相結合。要剪裁路徑，必須先將路徑儲存，再執行「剪裁路徑」指令，最後再將圖形儲存為CMYK的TIFF檔格式就行了。

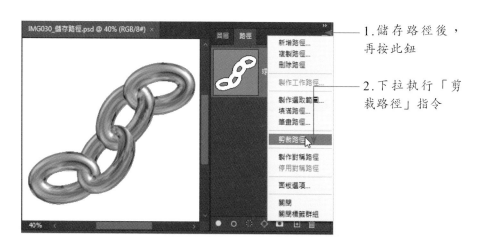

1.儲存路徑後，再按此鈕

2.下拉執行「剪裁路徑」指令

3.輸入路徑的平面
化數值，數值愈
小，圖形愈平滑

4.按此鈕確定

完成後，依序執行「影像／模式／CMYK色彩」與「檔案／另存新檔」指令，並選擇「TIFF」格式就行了。

4-1-8 建立路徑文字

除了圖形可以建立路徑外，利用「水平文字遮色片工具」或「垂直文字遮色片工具」也可以建立／儲存成路徑，以便做進一步的處理。

3.由此設定字型與字體大小

2.在影像視窗上按一下左鍵，使進入遮色片狀態，並輸入文字內容

1.點選「水平文字遮色片工具」

4.按一下選取工具，文字會變成選取狀態

5.按此鈕，從選取範圍建立工作路徑

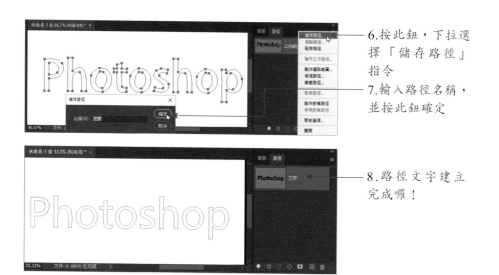

6.按此鈕，下拉選
擇「儲存路徑」
指令

7.輸入路徑名稱，
並按此鈕確定

8.路徑文字建立
完成囉！

4-1-9 填滿路徑

路徑建立後也可以利用前景色來填滿路徑，請從「路徑」面板上按下
鈕就行了。我們延續上面的範例。

1.選擇前景顏色

2.按下「以前景
色填滿路徑」鈕

3.路徑中填滿色
彩了

4-2 色版的運用

色版在Photoshop軟體中經常被使用到，因為「色版」面板可以顯示RGB或CMYK影像中顏色分佈狀況，也可以將色板做分離／組合，使產生特殊的效果，或是將選取區轉變成色版，透過運算處理也能夠變化出更多的選取區或色板。此節就針對這些功能做說明。

4-2-1 色版浮動面板

首先請由「視窗／色版」開啟「色版」浮動面板，各位將看到如圖的RGB、紅、綠、藍共四個色版。

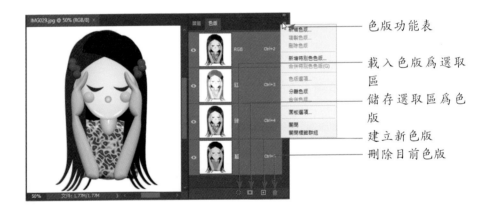

在RGB模式下會看到RGB、紅、綠、藍四個色版，如果是CMYK模式，則會顯示成CMYK、青、洋紅、黃、黑等五個色版。如下圖：

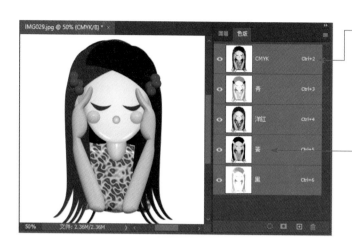

執行「影像／模式／CMYK色彩」指令，會顯示五個色版

如果看到的是灰階圖示，可由「編輯／偏好設定／介面」指令中勾選「用彩色顯示色版」指令

在每個圖示前的眼睛是控制該色版的顯示與否，如果關掉「青」色，洋紅+黃色會顯示橙色的影像畫面；若是關掉「洋紅」，青+黃則是顯示綠色的影像畫面；關掉「黃色」，青+洋紅則顯示紫色的影像畫面。

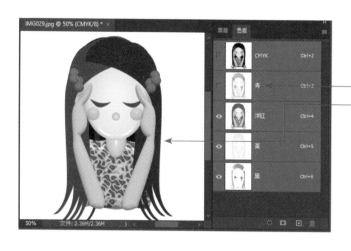

1.關掉青色的眼睛
2.顯示洋紅+黃的橙色混合效果

4-2-2 加入色版

Photoshop裡加入色版的方式有很多種，最簡單的方式就是在「色版」面板中按下「建立新色版」🔳鈕。另外，也可以將選取範圍直接轉為色版喔！方式如下：

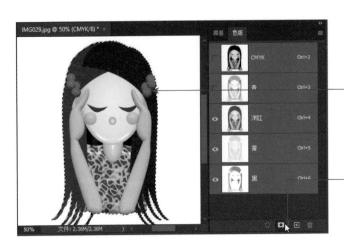

1. 以「魔術棒工具」選取背景，再執行「選取／反轉」指令使選取圖形

2. 按下「儲存選取範圍為色版」鈕

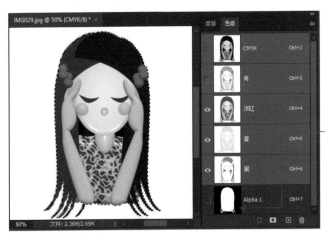

3. 圖形已變成色版（其中的白色是鏤空的區域，而黑色則是板子遮住的地方）

　　除此之外，在「圖層」面板中所增加的圖層遮色片，也會將其色版記錄在「色版」面板中。如下圖所示，新娘後方的白色背景利用遮色片遮起來了，所以只顯示新娘的圖形，以便和底圖的心形相結合，而該遮色片也會顯示在「色版」面板中。

該遮色片也會顯
示在色版上

由「圖層」面板
所加入的遮色片

4-2-3 色版範圍的增減

在建立色版後，還可以利用「選取／載入選取範圍」指令，來對色版
上的色版進行增加／減去／相交等運算處理，以便得到所要的造型圖案。

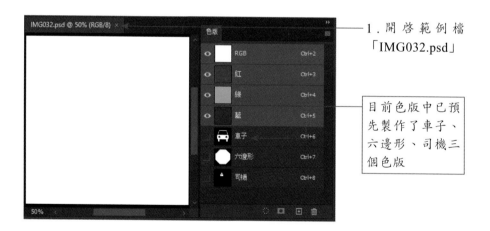

1.開啓範例檔
「IMG032.psd」

目前色版中已預
先製作了車子、
六邊形、司機三
個色版

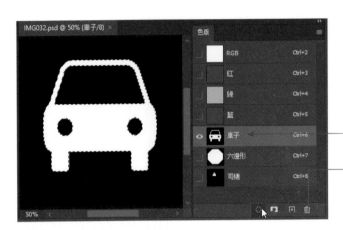

2.點選「車子」
色版

3.按此鈕，載入
色版為選取範圍

4.執行「選取 /
載入選取範圍」
指令，使進入下
圖視窗

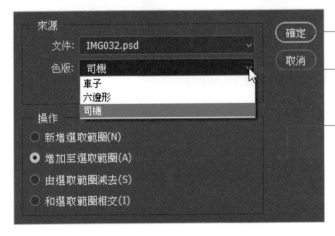

7.按此鈕確定

5.下拉選擇「司
機」色版

6.選擇「增加至
選取範圍」

CHAPTER

4

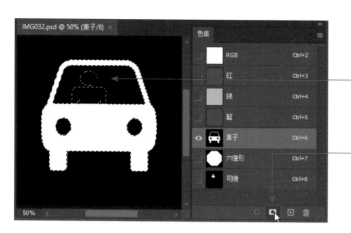

8. 選取區已包含了車子和司機兩個圖形

9. 按此鈕，將選取範圍轉為色版

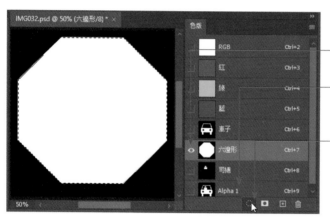

11. 點選「六邊形」色版

10. 剛剛選取的車子與司機已變成「Alpha 1」色版

12. 按此鈕載入色版為選取範圍

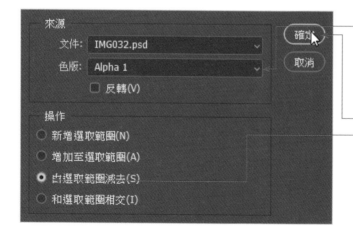

13. 執行「選取／載入選取範圍」指令進入此視窗，下拉點選此色版

15. 按此鈕確定

14. 選擇「由選取範圍減去」，這樣可以從六邊形中減去車子和司機的圖形

CHAPTER

4

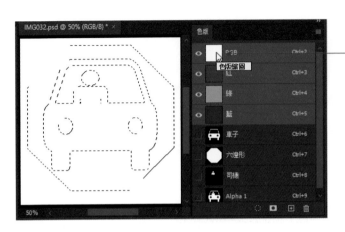

16. 按一下「RGB」色版，使回到正常模式

18. 按「Alt」+「Backspace」鍵填入前景色，即可完成造型的填色

17. 由此設定前景色

4-2-4 建立文字遮色片

　　要建立文字遮色片，一樣是利用「水平文字遮色片工具」或「垂直文字遮色片工具」先建立文字的選取區，再將選取範圍轉為色版。

3.設定適當的大小

2.按一下影像視
窗，使進入遮色
片狀態，並輸入
文字內容

1.點選「水平文字
遮色片工具」

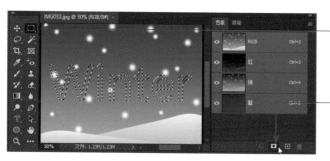

4.按一下選取工
具，文字會變成
選取狀態

5.按此鈕，儲存
選取範圍為色版

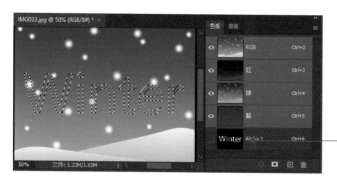

6.文字遮色片建
立了

課後習題

是非題

1. (　　) 形狀工具主要用來繪製向量式的圖形。

2. (　　) 使用形狀工具可以繪製形狀圖層或路徑。

3. (　　) 使用形狀工具繪製形狀圖層時，可以透過圖形的運算來產生
　　　　較複雜的造型。

4. (　　) 筆型工具可用來繪製貝茲曲線。

5. (　　) 「直接選取工具」的功能在於調整路徑的位置。

6. (　　) 要筆畫路徑必須先從路徑面板上建立路徑。

選擇題

1. (　　) 使用哪個按鍵，可以讓路徑右側的控制點不顯現出來？
　　　　(A)Alt鍵　(B)Shift鍵　(C)Ctrl鍵　(D)Space鍵

2. (　　) 下列何者對於路徑面板的說明不正確？
　　　　(A)可以從選取範圍建立工作路徑　(B)可以針對路徑作筆畫
　　　　或填色的處理　(C)利用運算操作來產生更複雜的造型　(D)
　　　　可以匯出路徑

3. (　　) 下面哪項功能可以製作去背景的圖形？
　　　　(A)選取路徑　(B)筆畫路徑　(C)剪裁路徑　(D)儲存路徑

4. (　　) RGB色彩模式的影像會包含幾個色版？
　　　　(A)3個　(B)3個　(C)4個　(D)5個

實作問答題

1. 請將下圖的鳥兒以路徑面板作去背景處理，同時改為「CMYK」模
　式，轉存為TIFF格式。
　來源檔案：鳥.jpg
　完成檔案：鳥_去背.tiff

提示：

(1) 點選「魔術棒工具」，以滑鼠按一下背景，使選取背景白色。

(2) 執行「選取 / 修改 / 擴張」指令，將擴張值設為「1」，按「確定」鈕離開。

(3) 執行「選取 / 反轉」指令，使選取圖形。

(4) 開啟「路徑面板」，按下「從選取區建立工作路徑」指令，再執行「儲存路徑」指令。

(5) 由面板上執行「剪裁路徑」指令，平面化設為「0.2」。

(6) 執行「影像 / 模式 / CMYK色彩」後，再執行「檔案 / 另存新檔」指令，由「格式」選擇「TIFF」，並輸入檔名。

2.請將上圖的鳥兒複製到「花.jpg」檔案中，同時做去背景處理。

　來源檔案：鳥.jpg、花.jpg

　完成檔案：鳥ok.psd

CHAPTER

4

提示：

(1) 開啟「鳥.jpg」圖檔，以「移動工具」將鳥的選取區域拖曳到「花」的檔案中。

(2) 以「魔術棒工具」點取鳥兒的白色背景區域，執行「選取／修改／擴張」指令，將擴張值設為「1」，按「確定」鈕離開。

(3) 執行「選取／反轉」指令，使選取圖形，在「圖層」面板下方按下「增加圖層遮色片」鈕。

3. 請利用「路徑」和「色版」功能，完成如下的文字設計。

　來源檔案：文字.jpg

　完成檔案：文字ok.psd

提示：

(1) 開啓「文字.jpg」圖檔，點選「水平文字遮色片工具」，輸入「Flower」的英文字，字型爲「Cooper Std」，大小爲「250」，使變成選取區。

(2) 開啓「色版」面板，按下「儲存選取範圍爲色版」鈕，使新增「Alpha 1」色版。

(3) 工具下方分別將前景色設爲粉紅色，背景色設爲紅色。

(4) 執行「編輯／塡滿」指令，使用「前景色」，模式「正常」，不透明「100」，使文字塡入粉紅色。

(5) 文字選取的狀態下，改選「矩形選取畫面工具」，選項列設爲「從選取範圍中減去」，將選取文字上半段減去，只留下方三分之一的區域。

(6) 執行「編輯／塡滿」指令，使用「背景色」，模式「正常」，不透明「100」，使塡入紅色。

(7) 由「色版」面板中點選「Alpha 1」色版，按下「載入色版爲選取範圍」鈕，使選取文字。

(8) 切換回「RGB」色版，在文字選取的狀態下改選「矩形選取畫面工具」，選項列設爲「從選取範圍中減去」，將選取文字下半段減去，只留上方三分之一的區域。

(9) 執行「編輯／塡滿」指令，使用「白色」，模式「正常」，不透明「100」，完成文字的白／粉紅／紅三種色彩效果。

(10)由「色版」面板中點選「Alpha 1」色版，按下「載入色版爲選取範圍」鈕，使選取文字。

(11)切換回「RGB」色版，由「路徑」面板下方按下「從選取範圍建立工作路徑」鈕，使建立工作路徑。

(12)點選「筆刷工具」，選項列將筆刷大小設爲「8」，前景色則改爲黑色。

(13)由「路徑」面板下方按下「使用筆刷繪製路徑」鈕，即可加入黑色的文字邊框。

CHAPTER

4

玩轉圖層的亮點心法

　　「圖層」是將一連串影像的重疊組合，因為先後次序的不同，而造成多層次的效果。這樣將影像利用圖層分類的好處是，當要修改某個部分的影像時，只要修改圖形所在的圖層即可，其它部分不會受到影響，這對設計師來說可是設計的一大利器。這個章節我們將針對圖層面板、文字圖層、圖層樣式、圖層遮色片、圖層構圖等功能做介紹，讓各位的影像合成技術更上一層樓。

5-1 影像圖層編輯

　　說到「圖層」的應用，各位非得了解「圖層」面板不可。如下所示的範例，畫面中主要由「人物」、「樓梯」、「下龍灣風景1」等三張畫面所組合而成。想要將多張畫面組合成一張圖片，就必須透過「圖層」面板來處理，讓相片貼入後，透過圖層遮色片功能將不想顯示的區域遮起來，加入漸層填色與標題文字後，即可完成相片的合成。

合成畫面

原影像畫面

5-1-1 圖層浮動面板

　　由於圖層包含的功能相當多，我們以此範例來跟各位做說明，其圖
層的編輯內容如下：

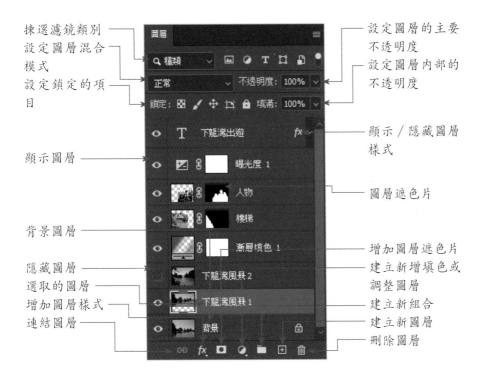

揀選濾鏡類別

設定圖層混合模式

設定鎖定的項目

顯示圖層

背景圖層

隱藏圖層
選取的圖層
增加圖層樣式
連結圖層

設定圖層的主要不透明度

設定圖層內部的不透明度

顯示／隱藏圖層樣式

圖層遮色片

增加圖層遮色片
建立新增填色或調整圖層
建立新組合
建立新圖層
刪除圖層

「背景」圖層

通常開啟的相片只會顯示斜體字的「背景」圖層，該圖層通常呈現鎖定狀態，無法任意移動，若要將它變成一般圖層，可按滑鼠兩下，出現視窗後按下「確定」鈕，就可變成一般圖層來編輯。

選取圖層

想要編輯某一個圖層時，必須先對該圖層進行「選取」才可進行相關處理。

顯示／隱藏圖層

只要點取圖層前方的「眼睛」圖示，就可以在顯示及隱藏之間做切換。

圖層鎖定

　　圖層的「鎖定」功能是爲了避免影像內容被設計者不小心修改到，而設定方式則是使用面板上的按鈕圖示。

圖層不透明度

　　不透明度的作用是讓圖層影像產生半透明的現象，好讓圖層影像可以和下方的圖層內容產生影像合併的效果。

圖層混合模式

　　位於面板左上方的「混合模式」是用來設定圖層影像重疊時的合併效果，這其中包含各種不同的影像運算法則，使用者只要下拉選擇不同的模式，就可以馬上看到效果。

揀選濾鏡類別

　　用來協助使用者在複雜的圖層當中快速找到關鍵的圖層。可依名稱、總類、效果、模式、屬性等類別來搜尋圖層。

5-1-2 建立與複製圖層

　　在Photoshop中可以使用「圖層／新增／圖層」指令，或是由「圖層」面板下方的▣鈕來建立新圖層。使用前者時，它會出現「新增圖層」的視窗，而後者則直接在點選的圖層上方增加一個透明圖層。

————1.點選要新增圖層的位置
————2.按下「建立新圖層」鈕

————3.在剛剛點選的圖層上方新
　　增一個「圖層1」，按滑鼠
　　兩下即可更改名稱

若要刪除圖層，可將圖層
直接拖曳到垃圾桶中

　　如果要複製圖層，除了執行「圖層／複製圖層」指令外，按住圖層不放並拖曳到🞦鈕中，即可拷貝一份圖層。

— 1.按住圖層不放
— 2.拖曳到此按鈕中

— 3.顯示複製的圖層，後方
　會加註「拷貝」的字樣

5-1-3 剪下圖層

　　「圖層／新增／剪下的圖層」指令是將選取的區域剪下並貼入到新的
圖層當中，它會破壞到「背景」圖層中的影像，不過當各位將「背景」圖
層的眼睛關掉時，圖形就具有去背景的效果，直接儲存psd格式，即可匯
入到像Illustrator等軟體中與其他版面整合。

1.以選取工具選取
圖形後,執行「圖
層 / 新增 / 剪下的
圖層」指令

2.影像顯示在新圖
層中

背景圖層的人像
會以設定的背景
色填入

3.關掉背景圖層,
就變成去背的影
像

5-1-4 調整圖層順序

在圖層面板中,位於上方的圖層影像會蓋住下方的圖層影像,若要改變圖層上下的順序,直接以滑鼠拖曳圖層,就可以變更影像顯示的效果。

5-1-5 圖層合併方式

如果有多個圖層內容已經不需要再修改時,可以利用合併指令將其合併成單一圖層,或是平面化影像。你可以由「圖層」功能表作選擇,也可以從面板右側的功能表選單作選擇。

將目前所選取的多個圖
層合併成為單一圖層

將圖層面板上的所有可
見圖層全部合併

用來合併圖層面板上的
所有圖層，使其變成背
景影像

5-2 文字圖層編輯

文字可以增添影像作品的美感，不論是標題文字或是段落文字，都可以利用文字工具來輕易達成。

5-2-1 水平／垂直文字工具

要建立文字圖層，點選「水平文字工具」 T. 和「垂直文具工具」 IT. 再到文件上按下滑鼠左鍵，它會自動新增文字圖層並顯示預設的文字，此時就可以輸入文字。水平文字工具可輸入橫排文字，而垂直文字工具可輸入直排文字。

1. 選取文字工具
2. 至頁面上按下左鍵

3. 出現文字方塊時，直接輸入文字內容
4. 直接拖曳其下方可改變位置

5. 切換到其他工具時，文字圖層上自動以所輸入的標題當作圖層名稱

5-2-2 轉換文字方向

不管各位選用水平或垂直文字工具，如果事後需要改變文字方向，只要從「選項」列上按下「切換文字方向」 鈕，即可轉換文字方向。

2.按此鈕即可改變方向

1.點選文字圖層

5-2-3 文字格式設定

文字輸入後，只要文字選取的狀態下，利用「選項」列或是由「視窗／字元」指令開啟「字元」面板，就可以設定文字樣式。

選項列

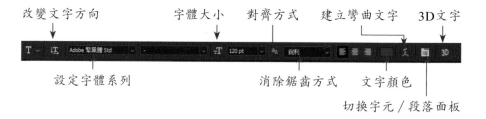

改變文字方向　字體大小　對齊方式　建立彎曲文字　3D文字

設定字體系列　消除鋸齒方式　文字顏色　切換字元／段落面板

字元面板

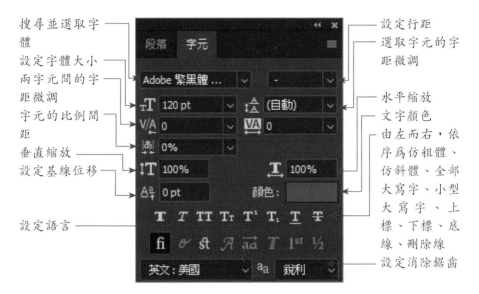

搜尋並選取字體

設定字體大小

兩字元間的字距微調

字元的比例間距

垂直縮放

設定基線位移

設定語言

設定行距

選取字元的字距微調

水平縮放

文字顏色

由左而右，依序為仿粗體、仿斜體、全部大寫字、小型大寫字、上標、下標、底線、刪除線

設定消除鋸齒

5-2-4 段落文字設定

　　段落文字應用於多行文字的排版上，要建立段落文字，可使用拖曳方式先設定文字框的區域範圍，接著再輸入文字內容，這樣文字就會自動在文字區塊中顯示。

1.點選文字工具

2.拖曳出段落文字要顯示的區域範圍

CHAPTER

5

4.切換到其他工具，即可完成輸入工作

3.輸入文字內容

　　段落文字輸入後，利用「選項」列或「段落」面板即可設定段落文字的格式，諸如：對齊、縮排等。

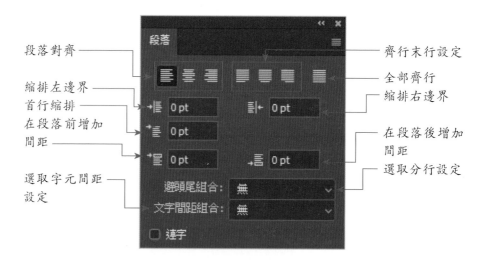

段落對齊

齊行末行設定

縮排左邊界
首行縮排
在段落前增加間距

全部齊行
縮排右邊界

在段落後增加間距
選取分行設定

選取字元間距設定

　　Photoshop也可以像排版軟體一樣，透過「段落樣式」面板和「字元樣式」面板來設定樣式，限於篇幅的關係，所以在此不作詳細的說明。原則上各位可以先透過面板右上角的功能表來新增字元或段落樣式，再至新增的樣式中設定所需的樣式就可以了。

5-2-5 路徑文字

　　「路徑文字」是指文字沿著所繪製的路徑而排列，由於曲線的不同，文字位置也會跟著自動調整。設定時只要先繪製好路徑，再利用文字工具在路徑上按一下左鍵，文字就可以順著路徑的角度作調整。

1.點選「筆型工具」

2.繪製如圖的曲線

—— 3.點選文字工具

—— 4.按一下路徑的
起點位置，即可
開始輸入文字

—— 5.文字顯現不完
全時，或是要調
整路徑的角度位
置，可利用「直
接選取工具」作
調整

5-2-6 文字彎曲變形

在「選項」列上按下「建立彎曲文字」 鈕，它可以讓選取的標題
或段落文字，以拱形、弧形、凸出、魚眼、膨脹等各種樣式來變形文字。

2.按下此鈕

1.點選文字圖層

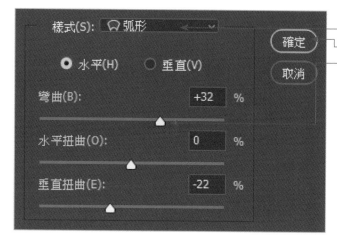

3.下拉選擇樣式

5.按此鈕確定

4.設定彎曲及扭曲值

6.文字已顯示弧形效果

CHAPTER

5

5-2-7 3D文字

　　要將影像畫面中加入3D文字不再是麻煩的差事了，因爲Photoshop中也有3D圖層的功能，利用「文字／建立3D文字」指令，再透過「3D」面板的調整，就可以快速完成3D文字。

1.點選文字圖層後，執行「文字／建立3D文字」指令，使顯示3D面板

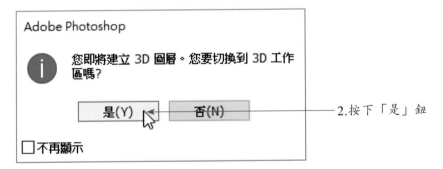

2.按下「是」鈕

3.設定在「目前檢視」

4.由此可以拖曳3D文字的物件

5-2-8 圖層拷貝CSS

在CC版本中，利用Photoshop所設定的色彩、字體、位置等資訊，也可以輕鬆轉換成CSS語法，使它可以貼入網頁編輯程式中。

2. 由此下拉選擇「拷貝CSS」指令

1. 選取文字圖層

拷貝後，直接到網頁編輯程式中按下「Ctrl」+「V」鍵，即可將程式碼貼入。

5-3 圖層的樣式／填滿／調整

「圖層樣式」是一個非常神奇的功能，只要簡單的幾個步驟設定，就可以做出令人驚艷的效果。早期這些效果都必須透過色板和濾鏡的設定，並經過多道的手續才可能完成，現在只要直接在視窗上作設定，就可以馬上看到完成的效果，真是設計上的好幫手。

「圖層填滿」功能則可以在圖層中填入純色、漸層或圖樣，而「調整圖層」可為圖層中的影像作色彩調整，讓設計師在創作過程中，能夠隨時針對設定前後的畫面效果作比較，以便選擇最佳的效果，相當的方便。這小節中將針對這些功能作說明。

5-3-1 建立與編修圖層樣式

　　Photoshop將陰影、光暈、浮雕、覆蓋、筆畫等多種圖層樣式放置在同一個視窗中，方便使用者在此視窗中對每種樣式效果進行設定及取消，讓設計者可以專心的設計樣式而不用反覆的切換設計視窗。要建立圖層樣式，可執行「圖層／圖層樣式」指令，再由其副選單中選擇要設定的樣式。另外也可以直接由「圖層」面板的 fx. 鈕作選擇。

1.點選文字圖層

2.按此鈕，下拉選擇「陰影」

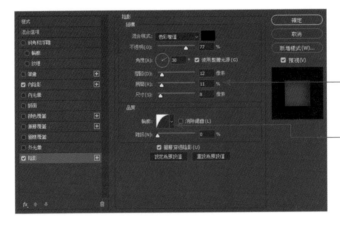

3.設定陰影的間距、展開、及尺寸

4.由此下拉設定陰影的輪廓變化

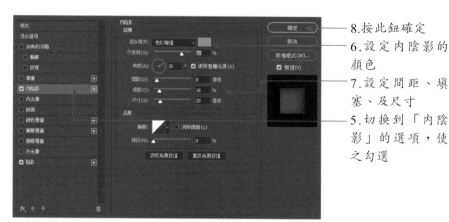

8. 按此鈕確定

6. 設定內陰影的顏色

7. 設定間距、填塞、及尺寸

5. 切換到「內陰影」的選項，使之勾選

9. 顯示同時套用「陰影」和「內陰影」兩種的效果

CHAPTER 5

在設定圖層樣式後，如果還想加入其他的圖層樣式，一樣是按下 fx. 鈕就可以作選擇。所加入的樣式也會顯示在圖層面板上，透過 fx~ 鈕可以控制樣式清單是否顯現出來，如圖示：

按此鈕會
關閉樣式
清單

目前圖層
上顯示已
設定的圖
層樣式

目前圖層
樣式的清
單隱藏起
來了，按
此鈕可以
顯示出來

5-3-2 新增填滿圖層

想要為新增的圖層填滿顏色，那麼利用「圖層 / 新增填滿圖層」指令
會比使用「編輯 / 填滿」指令更快速且方便。「填滿圖層」共可分為三種
填滿類型「純色」、「漸層」以及「圖樣」等。這裡以「漸層」作說明，
其設定方式如下。

2.下拉選擇「漸
層」選項

1.按下「建立新
填色或調整圖
層」鈕

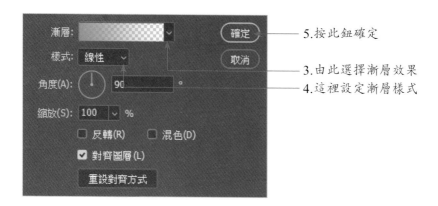

5.按此鈕確定

3.由此選擇漸層效果

4.這裡設定漸層樣式

6.整張畫面填入
　藍色漸層到透明
　的效果

剛剛新增的漸層
圖層顯示於此

　　如果只希望背景部分加入漸層，而人物不受影響，可以先將背景區域選取起來，再從「新增圖層」視窗中勾選「使用上一個圖層建立剪裁遮色片」的選項就可以了。設定方式如下：

1.先以選取工具
　選取背景部分

2.執行「圖層／
　新增填滿圖層／
　漸層」指令

3.勾選此項
4.按此鈕確定

5.按此鈕確定

6.只有背景填入藍色至透明的漸層

漸層圖層往內縮，並已包含了人物的遮色片

5-3-3 編輯填滿圖層

　　填滿圖層加入後，若要修改漸層效果，隨時按兩下於圖層縮圖，即可進入設定視窗中重新定。另外遮色片部分，按右鍵於遮色片圖示上，也可關閉／啟動或刪除圖層遮色片。

1.按右鍵於遮色
片圖示

2.執行「關閉圖
層遮色片」指令

3.遮色片上顯示
一個大X若要啓
動遮色片，請按
右鍵執行「啓動
圖層遮色片」指
令

5-3-4 新增與編輯調整圖層

　　當影像利用「影像／調整」指令進行了許許多多的色彩調整後，如果想要單獨取消某種顏色調校的結果是不可能的，如果各位是使用「調整圖層」的功能，就不會有這樣的困擾。因為「調整圖層」可視為是檔案中的一個圖層功能，當不需要時可以直接移除，而不會對原影像產生任何的影響；而「影像／調整」指令一旦套用之後，是真的對影像產生影響，因此只能利用「步驟記錄」的方式復原，如果檔案存檔關閉後，再開啓時就無法復原了。所以善用「新增調整圖層」功能，可讓設計工作有更大的發揮空間。

以下面的相片為例，背景曝光不足顯得很暗，現在我們利用「調整圖層」功能來做調整。

1.以選取工具選取
背景影像

3.點選「曝光度」
指令

2.按下「建立新填
色或調整圖層」
鈕

4.調整曝光度的數
值

5.調整Gamma較
正值

6.切換到「圖層」
面板，圖層上顯
示剛剛加入的調
整圖層

　　透過這樣的方式，各位就可以在照片上加入各種的調整功能，而且隨時隨地都可以切換或關閉／啟動所加入的調整功能。如圖示：

按此眼睛可以顯
示／隱藏該功能

雙按此圖示可進
入該視窗重新調
整內容

按右鍵於遮色片
圖示，可關閉或
刪除遮色片

5-4 圖層遮色片

　　早期在作影像合成時，通常是將需要的部分從某張相片中剪裁下來，再貼入所要編輯的版面中，這樣的方式往往無法保留原先完整的影像畫面。然而透過「圖層遮色片」的功能就可以保有原先完整的相片。

5-4-1 以選取區增加圖層遮色片

　　這裡以下面兩張影像作說明：

在此我們要將兩張畫面中的人物放置在一起，其設定方式如下：

2. 以選取工具選取此人物

1. 將影像複製／貼上，使顯現如圖的兩個圖層

3. 按此鈕增加圖層遮色片

5. 點選「移動」工具

4. 人物已變成遮色片（白色區域即是顯現的範圍，黑色則是被遮住的區域）

6. 將人物移到左側

7. 變成夫妻一起合照了

5-4-2 以漸層工具建立遮色片

　　圖層遮色片除了應用於影像的去背以外，還有另一個非常重要的功能，那就是影像的逐漸消失及淡化。在此以「漸層工具」來告訴各位如何建立圖層遮色片。

1.將影像貼入圖層中

2.點選「移動工具」

3.將上方圖層中水平線對齊「背景」圖層中的水平線

5.設定為黑到白的線性漸層

4.點選「漸層工具」

6.按下「增加圖層遮色片」鈕

7. 由中間向上作
小區段的漸層

8. 兩張影像完美
的接合再一起了

5-4-3 編修圖層遮色片

　　已建立的圖層遮色片，各位還可以繼續再加以編修，只要先利用「Ctrl」鍵先選取原先的遮色片就可以了。此處延續上面的範例作介紹：

1. 加按「Ctrl」鍵
點選此遮色片，
使選取該區域

2.再按一下遮色片的圖示，使白色框圍繞在遮色片周圍

5.由左到右作此段的漸層

4.選擇黑到白的線性漸層

3.點選「漸層工具」

6.編修完成後，「背景」圖層右上方的景色就又顯示出來了

CHAPTER

5

5-5 圖層構圖

美術設計師爲了提供給客戶最滿意集最好的服務，通常都會設計多個版面讓客戶選擇，以便與客戶溝通。如果你經常要對版面編排做多種構圖，那麼圖層構圖的功能就是你最佳的工具。因爲圖層構圖可以在單一的Photoshop檔案中建立、管理和檢視多種形式的版面，因此用戶不用個別的爲每一個版面另存檔名，在管理上也比較清楚易辨。

5-5-1 圖層構圖面板

想要使用圖層構圖的功能，首先要認識「圖層構圖」浮動面板，請執行「視窗／圖層構圖」指令即可顯現該面板。

CHAPTER

5

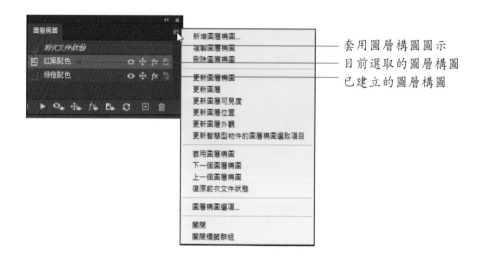

套用圖層構圖圖示
目前選取的圖層構圖
已建立的圖層構圖

通常在開啟「圖層構圖」浮動面板時，只會看到「前次文件狀態」，除非執行了「新增圖層構圖」指令，才會在它的下方顯示新增的圖層構圖。而新加入的圖層構圖也可以自行設定名稱，只要按滑鼠兩下在該項目上，就能重新輸入。

按滑鼠兩下於名稱上，即可輸入新的名稱

5-5-2 建立圖層構圖

要透過「圖層構圖」功能建立各種版面，首先必須利用「圖層」面板建立各種的版面的圖層物件。如圖示：

透過圖層物件的
顯現與否，以便
顯示不同的版面
構圖

接下來透過以下的方式來一步步完成圖層構圖的建立。

1.執行「視窗／圖
層構圖」指令開啟
面板，由右上角下
拉執行「新增圖層
構圖」指令

4.按下「確定」鈕

2.輸入圖層構圖的
名稱

3.設定套用到圖層
的選項

CHAPTER

5

5.顯示建立的第一
　個圖層構圖

6.切換到「圖層」
　面板，關閉原先
　的圖層物件，並
　將另一個圖層構
　圖的影像顯示出
　來

7.切換到「圖層構
　圖」面板

8.按下「建立新增
　圖層構圖」鈕

11. 按下「確定」
鈕

9. 輸入圖層構圖
的名稱

10. 設定套用到圖
層的選項

12. 完成第二個版
面配置的建立

　　透過如上的方式，設計師就能依序將自己所設計的版面，保留在圖層
構圖面板上，如果要做版面切換，只要按在 圓 的位置上就可以做切換。

課後習題

是非題

1. (　　) 圖層的優點是修改某部分的影像時，只要修改圖形所在的圖
層，其它部分不會受到影響。

2. (　　) 開啟的相片檔，其背景圖層是呈現鎖定狀態，所以無法任意
移動。

3. (　　) 背景圖層無法變成一般圖層來編輯。

4. (　　) 圖層混合模式是用來設定圖層影像重疊時的合併效果。

5. (　　) 水平文字工具可輸入橫排文字，而垂直文字工具可輸入直排
文字。

6. (　　) 選項列和字元面板，都可以設定文字的樣式。

7. (　　) 在圖層中所加入的遮色片，也會在「色版」面板上看到。

選擇題

1. (　　) 下列何者對於圖層的說明有誤？
(A)要編輯某一圖層時，必須先對該圖層進行「選取」　(B)
點取圖層前方的「眼睛」圖示，可以顯示圖層樣式　(C)由圖
層面板上可加入圖層樣式　(D)圖層面板上可以看到哪些圖層
有加入遮色片

2. (　　) 下列何者不是圖層所提供的合併方式？
(A)影像平面化　(B)合併圖層　(C)合併隱藏圖層　(D)合併可
見圖層

3. (　　) 下列何者不是Photoshop文字工具所能做出來的效果？
(A)3D文字　(B)彎曲文字　(C)路徑文字　(D)藝術字

4. (　　) 圖層填滿功能可在圖層中填入？
(A)漸層色　(B)圖樣　(C)純色　(D)以上皆可

5. (　　) 已建立的圖層遮色片若要繼續編修，可利用哪個按鍵先選取
原先的遮色片？
(A)Ctrl鍵　(B)Alt鍵　(C)Shift鍵　(D)不需要按任何鍵

實作題

1. 下面的吧台看起來少了些生氣，請利用提供的花叢來將兩張相片合
成，使完成如圖的畫面效果。
來源檔案：吧台.jpg、花.jpg

完成檔案：吧台ok.psd

提示：

(1) 開啓「花.jpg」圖檔，點選「多邊形套索工具」，羽化值設爲「3」，依序以滑鼠點選花朵的輪廓線，使之選取。

(2) 開啓「吧台.jpg」圖檔後，將兩張圖並列，利用「移動工具」把選取的花叢拖曳到「吧台.jpg」圖檔中。

(3) 執行「編輯／變形／縮放」指令，縮小至如圖的大小後，按「Enter」鍵確定，然後移到右下角處。

(4) 由「圖層」面板上按下「增加圖層樣式」鈕，下拉選擇「陰影」，

CHAPTER

5

再設定陰影的選項內容。

(5) 最後再以「橡皮擦工具」，點選較小的筆刷，修飾部分的邊緣線條就完成了。

2. 請利用「仿製印章工具」將「旗津砲台.jpg」平台上的遊客全部去除，並利用圖層遮色片的功能，將「雕像.jpg」完美地與平台結合。

來源檔案：旗津砲台.jpg、雕像.jpg

完成檔案：旗津砲台ok.psd

提示：

(1) 開啓「旗津砲台.jpg」圖檔，點選「仿製印章工具」，依序加按「Alt」鍵設定平台與樹林的仿製起始點，然後把平台和樹林補起來。

(2) 開啓「雕像.jpg」圖檔，全選後以「移動工具」拖曳到「旗津砲台」的頁面中，並利用「編輯／變形／縮放」指令將雕像縮放到適切的比例。

(3) 點選「多邊形套索工具」，羽化值設爲「0」，將雕像的造型選取起來後，由「圖層」面板按下「增加圖層遮色片」鈕，使去除背景。

(4) 加按「Ctrl」鍵點選圖層上的遮色片，使選取雕像，再按一下遮色片圖示，使確定選取遮色片。

(5) 點選「漸層工具」，在平台與雕像銜接處加入黑白的漸層遮色片，可以使二者更融合些。

CHAPTER

5

第六章

不藏私的特效濾鏡合成術

「濾鏡特效」好像是大家對於Photoshop軟體的第一個印象，很多人學習Photoshop就是因為它擁有各種豐富的濾鏡，能讓影像產生許多意想不到的創意變化。而「自動化」功能則是讓電腦自動幫你處理具有重複性的編輯動作，使美術從業人員節省許多工作時間，增加工作效率，所以美術設計人員非學不可。掌握這兩項技術，美術功力就能更上一層樓。

6-1 濾鏡的使用技巧

Photoshop的「濾鏡」功能表下所提供的類別與效果相當地多，每個功能所產生的效果也千變萬化，限於篇幅的關係，在此章節中我們將針對重要特點做說明，未提及的功能就要請各位舉一反三。基本上只要點選濾鏡功能後，透過視窗中所提供的滑鈕調整它的屬性，就可以從預視窗中看到效果。

6-1-1 轉換成智慧型濾鏡

在以往，影像若加入了Photoshop的濾鏡特效後，原有的影像就會改變，如果想要保留原有的影像畫面，都必須先將影像另外存檔起來才行。如果各位會使用「濾鏡／轉換成智慧型濾鏡」指令，這樣就可以在不破壞原有影像的狀況下，從事特效濾鏡的設定、調整、或刪除，相當地便利

喔！這裡以範例跟各位做說明：

　1.開啓影像檔

　2.執行「濾鏡／
　　轉換成智慧型濾
　　鏡」指令

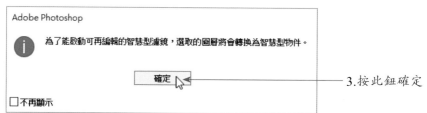

　3.按此鈕確定

　4.「背景」圖層已轉變成一般
　　圖層，而且右下角多了一個特
　　殊的圖示

CHAPTER

6

這樣的轉變有什麼不同呢？現在就讓我們告訴各位。請執行「濾鏡／像素／點狀化」指令，使加入顆粒效果到影像當中。

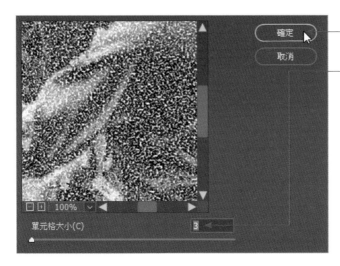

2.按此鈕確定

1.執行「濾鏡／像素／點狀化」指令進入此視窗，由此設定單元格大小

3.圖層上顯示加入智慧型濾鏡的點狀化效果

由此可關閉所有的智慧型濾鏡

假如影像中加入了多種的濾鏡特效，各位可以利用圖層上的「眼睛」◉來顯示或隱藏濾鏡特效。另外，雙按濾鏡後方的▤鈕，還可以編輯濾鏡混合的選項，讓濾鏡效果的變化變得更豐富、更有選擇性。

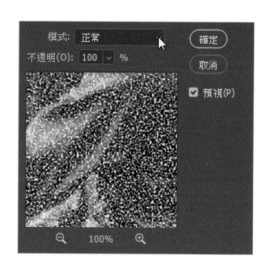

6-1-2 濾鏡收藏館

　　「濾鏡／濾鏡收藏館」是將扭曲、風格化、紋理、素描、筆觸、藝術風等類別的濾鏡特效通通收藏在一起，方便使用者一次做選擇，而且還可以自行控制濾鏡效果執行的先後順序，相當地便利。請執行「濾鏡／濾鏡收藏館」指令進入此視窗。

2.由此可以設定濾鏡效果的細節

1.先由資料夾中選擇想要套用的效果

3.按此鈕可新增特效

6.設定完成按此
鈕離開

4.選定要加入的
第二個濾鏡特效

5.由此設定濾鏡
效果的細節

按住名稱上下拖
曳，可以改變執
行的先後順序

CHAPTER

6

6-1-3 液化

　　「濾鏡／液化」是透過扭轉、膨脹、彎曲、縮攏等各種的工具，讓影像產生變形的效果。使用者只要點選工具後，到預覽視窗上做拖曳塗抹，即可看到影像的變化效果。

1.開啟影像檔，執
行「濾鏡／液化」
指令

2.設定筆刷大小

3.由中間往左右
　方向做拖曳，使
　橋面變寬

4.按下「確定」
　鈕離開

5.輕鬆將橋面變寬了

6-1-4 濾鏡應用 —— 光圈模糊

　　「模糊」效果在相片的編修上經常用得到，透過模糊的功能可讓主角
人物清楚，背景變模糊。

1.開啓影像檔後，執行「濾鏡／模糊收藏館／光圈模糊」指令

2.拖曳中心外圍的圓環可以改變模糊數值

3.拖曳此二藍點可以改變模糊的區域範圍

4.按一下滑鼠可再增加清晰的區域

6.調整完成，按
「確定」鈕離開

5.依序按一下想
增加清晰的區域

7.兩個主角清晰，
背景模糊了

　　不管各位選用了哪種的濾鏡特效，設定之後還可以利用「編輯／淡
化…」指令來設定淡化的不透明程度與模式：

1.執行「編輯／淡化」指令（後面名稱會因為選用的濾鏡而有所不同）

3.設定完成按「確定」鈕離開

2.由此視窗可以變更淡化程度

CHAPTER

6

6-1-5 濾鏡應用——防手震

　　「濾鏡」功能表中除了提供各種模糊效果可讓影像變模糊外，想要讓模影像變得較清晰銳利也可辦得到。使用「濾鏡／銳利化／防手震」指令，可將因相機震動而模糊的影像快速回復清晰度，另外，慢速快門或長焦距所造成的模糊，也可以回復清晰的狀態喔！

由此調整效果

6-1-6 濾鏡應用——Camera Raw濾鏡

　　Camera Raw主要讓使用者做數位相片的各種修改,諸如:相機校正、鏡頭校正、色調曲線的調整等的變更,讓數位相片透過各種工具的調整,以顯示最完美的效果。以下圖為例,我們將為相片加入漸層色彩,讓單一色調的水平面能夠變得更有色彩。

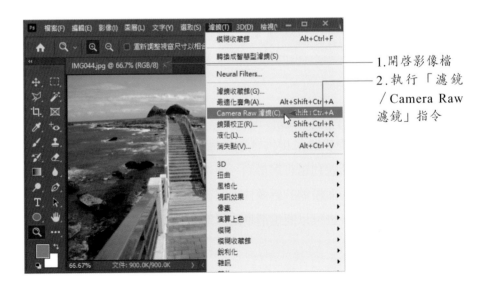

1.開啟影像檔

2.執行「濾鏡 / Camera Raw 濾鏡」指令

3.按此鈕設定漸
層濾鏡

4.由此拖曳出如
圖的漸層區域

5.按此色塊設定
顏色

7.按下「確定」鈕

6.選定綠色

8.由此可以調整
顏色的飽和度

9.設定完成，按
「確定」鈕離開

CHAPTER

6

10.顯示加入綠色
效果的海面

6-2 自動化功能

　　「如何利用電腦來加速工作的進行？」這個問題一直是各行業所努力追求的目標，當然Photoshop也不例外。尤其是從事多媒體或美術設計，很多工作都必須重複的進行，倘若有上千張的圖片要做相同的處理，不但使用者覺得工作很乏味，花費的時間也長，而且手也受不了這樣的操勞。像這樣的問題，如果可以交由Photoshop的「動作」功能來處理，就可以省下許多的時間和精力。這小節就針對動作的錄製、套用、或批次處理等工作作說明。

6-2-1 動作的錄製

　　動作錄製是學習使用自動化功能的第一步，基本上它是先將影像處理或特效的操作過程「記錄」下來，往後若要執行相同的動作，就可以透過「播放」的功能來執行。若是要處理大批的檔案，則可透過「批次處理」來自動化處理檔案。

現在以影像縮小作說明，請先將要作影像縮小的圖片通通整理到「檔案待處理」的資料夾中，另外再新增一個「檔案處理完成」的資料夾備用。此處將告訴各位如何把執行的動作錄製下來。

2.執行「視窗／動作」指令開啓動作面板

1.開啓「檔案待處理」資料夾中的第一張圖

3.按下「建立新增動作」鈕

5.按下「記錄」鈕

4.輸入動作名稱

6.執行「影像／影像尺寸」指令

CHAPTER

6

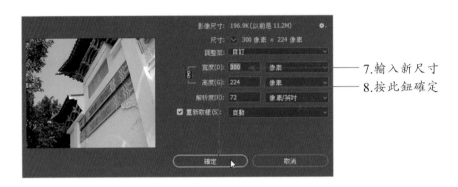

7.輸入新尺寸

8.按此鈕確定

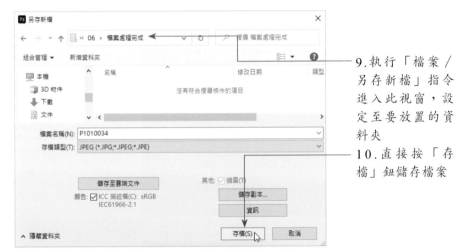

9.執行「檔案 /
另存新檔」指令
進入此視窗，設
定至要放置的資
料夾

10.直接按「存
檔」鈕儲存檔案

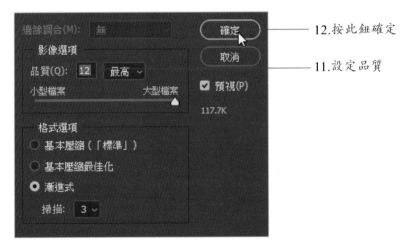

12.按此鈕確定

11.設定品質

13.按此鈕先關閉
　視窗

14.再按此鈕完成
　錄製工作

15.顯示錄製的動作名稱
　及所有過程

6-2-2 套用動作

　　錄製完成後，趕快來進行套用，以便親身體驗動作功能有多麼的方便。請切換到「檔案待處理」的資料夾，將第二張圖檔開啟。

1.開啟影像檔

2.點選此動作名稱

3.按下「播放」
　鈕，檔案自動完
　成，並放置在指
　定的資料夾中

CHAPTER

6

CHAPTER

6

6-2-3 自動批次處理

　　剛剛的「套用動作」只作用在一張影像上，如果各位資料夾中的影像有數千張，那麼就利用「批次」功能來處理，只要設定好處理前與處理後的資料夾位置，再選定要執行的動作指令，這樣就可以輕鬆一下，讓電腦自動幫你處理檔案。請各位先將「檔案處理完成」資料夾中的檔案先清除，然後執行「檔案／自動／批次處理」指令，再依照下面的步驟進行批次設定：

5.按此鈕確定
3.目的地設為「檔案夾」
4.按「選擇」鈕選取檔案完成後放置的位置
1.下拉選擇要執行的動作
2.按「選擇」鈕設定來源檔案的位置

　　稍待一下，開啟「檔案處理完成」的資料夾，就可以看到所有處理完成檔案。

6-2-4 建立與使用快捷批次處理

對於工作上經常要使用到的動作指令，除了透過「檔案 / 自動 / 批次處理」指令來選擇要播放的動作外，各位還可以考慮將它建立成執行檔（EXE）的格式，如此一來，只要將檔案或資料夾拖曳到該執行檔的圖示上，它就會自動完成批次處理的工作。現在就為各位示範如何將動作建立成快捷批次處理，請執行「檔案 / 自動 / 建立快捷批次處理」指令，再依下面的步驟進行設定。

2.按此鈕選擇執行檔要放置的位置

1.由此先確定動作名稱

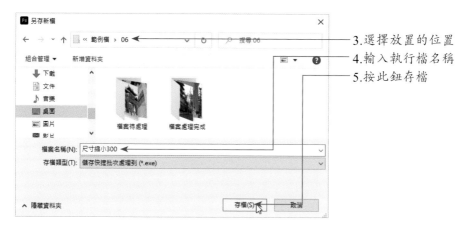

3.選擇放置的位置

4.輸入執行檔名稱

5.按此鈕存檔

　　　　　　　　　　　　　7.按此鈕確定

　　　　　　　　　　　　　6.目的地設爲「儲
　　　　　　　　　　　　　　存和關閉」

　　　　　　　　8.資料夾中已顯示剛剛建
　　　　　　　　立完成的執行檔圖示

尺寸縮小300.exe

　　建立成如上的執行檔後，那麼往後只要把等待要處理的檔案資料夾拖曳到執行檔圖示上，它就會自動將完成檔案轉存到「檔案處理完成」的資料夾中。

6-2-5 影像處理器

　　Photoshop的自動化功能，除了前面介紹的「動作」面板外，選用「檔案／指令碼／影像處理器」指令，也可以將選定的資料夾轉存成JPG、PSD、TIFF等格式，還可以重新調整特定的影像尺寸，或是執行動作面板中的特定動作。

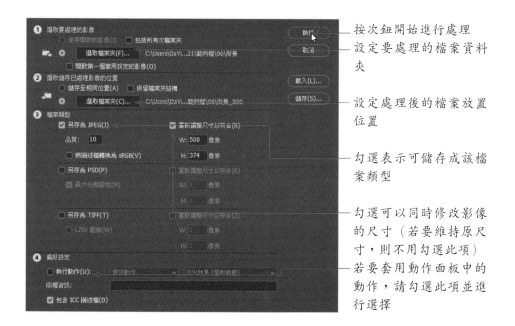

在此視窗中，各位可以「同時」選擇將檔案分別儲存為JPG、PSD、TIFF等格式，也能設定要調整的新尺寸，勾選多種格式並按下「執行」鈕後，它會分別以資料夾來儲存不同的格式。若要選用動作面板中的動作，則請先勾選「執行動作」的選項，再由後方選用要執行的動作即可。

課後習題

是非題

1. (　　) 「濾鏡／轉換成智慧型濾鏡」指令是在不破壞原有影像的狀況下，從事特效濾鏡效果的設定、調整或刪除。

2. (　　) 利用「編輯／淡化…」指令可以設定淡化的不透明程度與模式。

3. (　　) 新增動作後，由動作面板按下「播放選取的動作」鈕，只能針對一張影像作處理。

4. (　　) 執行「濾鏡／模糊收藏館／光圈模糊」指令只能針對一個區域作模糊設定。

5. (　　) 「編輯／淡化…」指令只能針對已加入的濾鏡做淡化處理。

6. (　　) 「批次處理」功能可將指定的資料夾加入要執行的動作指令。

7. (　　) 「防手震」功能可將因相機震動而模糊的影像，或是由慢速快門／長焦距所造成的模糊，快速回復清晰狀態。

選擇題

1. (　　) 對於濾鏡的說明，下列何者有誤？
(A)影像加入濾鏡特效後，原有的影像就會改變　(B)使用「濾鏡／轉換成智慧型濾鏡」指令不會破壞原有的影像　(C)由圖層面板上可知道哪些圖層已轉換成智慧型濾鏡　(D)濾鏡收藏館裡包含「濾鏡」功能表中的所有濾鏡功能

2. (　　) 下列哪個功能是透過扭轉、膨脹、彎曲、縮攏等各種工具，讓影像產生變形的效果？
(A)濾鏡／液化　(B)濾鏡／濾鏡收藏館　(C)濾鏡／演算上色　(D)濾鏡／扭曲

3. (　　) 要將資料夾中的影像作自動化處理，下列哪個指令不會用到？
(A)新增動作　(B)動作面板　(C)檔案／自動／批次處理　(D)檔案／指令碼

4. (　　) 「影像處理器」無法作何工作？
(A)可轉存成PSD格式　(B)可設定特定的影像尺寸　(C)可儲存成TIFF格式　(D)可變更檔案名稱

實作題

1. 請將提供的「花.jpg」圖檔，運用「光圈模糊」的濾鏡功能，將花朵四
　 周圍變模糊些。
　 來源檔案：花.jpg
　 完成檔案：花ok.jpg

　　　　　　原影像　　　　　　　　　　　　　完成畫面

　 提示：

　 (1) 開啟「花.jpg」圖檔，執行「濾鏡 / 模糊收藏館 / 光圈模糊」指
　　　 令，模糊值設為「30」，以滑鼠點選花朵區域，使增加清晰的區域
　　　 範圍。

2. 請利用「濾鏡收藏館」的功能，為左下方的建築物加入「挖剪圖案」
　 與「海報邊緣」的效果，使完成如右下圖的畫面效果。
　 來源檔案：建築物.jpg
　 完成檔案：建築物ok.jpg

原影像　　　　　　　　　　　　完成畫面

提示：

(1) 開啟「建築物.jpg」圖檔，執行「濾鏡 / 濾鏡收藏館」指令，先選取「藝術風 / 挖剪圖案」的效果，數值設為4、4、2。

(2) 在視窗右下方按下「新增效果圖層」鈕後，再點選「藝術風 / 海報邊緣」的效果，數值設為3、3、6。

3. 請將左下圖的景色，運用「濾鏡收藏館」功能加入「藝術風 / 水彩」的效果。

來源檔案：池塘.jpg

完成檔案：池塘ok.jpg

提示：

(1) 開啟圖檔後，執行「濾鏡／濾鏡收藏館」指令，點選「藝術風／水彩」效果，數值設為8、0、1。

第七章

一手掌握完美輸出的匠心計

　　辛苦製作完成的影像畫面，最後目的當然就是匯出、列印、或是將圖案轉存到其他的軟體中繼續編排。這一章將針對輸出與列印的功能作說明，讓你輕鬆將作品以所需的方式呈現。

7-1 圖形資料的匯出

　　製作完成的影像圖案，最後的目的就是匯出完成品，或是將圖案轉存到其他的軟體中繼續編排。這裡就針對轉存路徑到Illustrator，以及PDF輸出功能做說明。

7-1-1 轉存檔案

　　使用「檔案／轉存／轉存為」指令，可將開啓的檔案儲存為PNG、JPG、GIF、SVG等格式。執行該指令後會看到如下的視窗，除了選擇檔案格式外，還可以進行影像尺寸的變更。

1.下拉選擇檔案
格式

2.由此可變更縮
放比例

3.按此鈕儲存

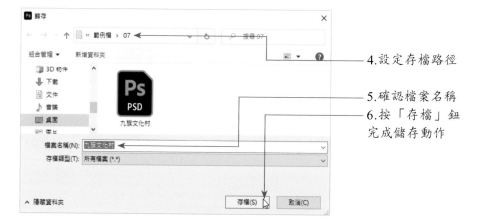

4.設定存檔路徑

5.確認檔案名稱

6.按「存檔」鈕
完成儲存動作

　　由於PNG格式擁有的優點比GIF和JPG來得多，現在業界使用PNG
格式的機會普遍升高，你也可以直接執行「檔案／轉存／快速轉存為
PNG」指令來進行儲存。

7-1-2 轉存路徑到Illustrator

　　在Photoshop中所設定的路徑，可以利用「檔案／轉存／路徑到Il-
lustrator」指令，將路徑轉存成ai格式，然後在Illustrator中開啟來繼續編
輯。轉存方式如下：

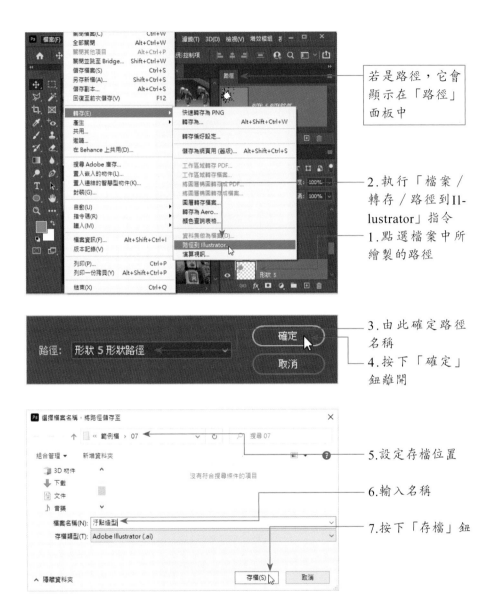

若是路徑，它會顯示在「路徑」面板中

2.執行「檔案／轉存／路徑到Illustrator」指令

1.點選檔案中所繪製的路徑

3.由此確定路徑名稱

4.按下「確定」鈕離開

5.設定存檔位置

6.輸入名稱

7.按下「存檔」鈕

　　轉存後，各位可以從Illustrator軟體中執行「檔案／開啟舊檔」指令將剛剛的圖形開啟。開啟後在「圖層」面板上即可看到該圖形，只要由「顏色」面板中選取顏色，即可將顏色填入該圖案中。如圖示：

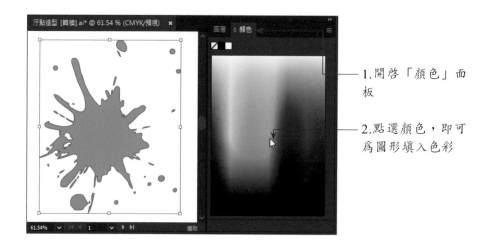

1.開啟「顏色」面
板

2.點選顏色，即可
為圖形填入色彩

7-1-3 自動輸出成PDF簡報

　　完成的多份作品，也可以自動將它們做成PDF簡報，這樣在跟客戶溝
通時就方便許多，或是在應徵工作時，也可以直接寄給應徵公司的主管。
做成PDF簡報的方式如下：

1.執行「檔案／自
動／PDF簡報」指
令，使進入下圖

6.按此鈕儲存檔案

3.選擇「多重頁面文件」

4.設定背景顏色

5.勾選想要顯示的項目

2.按「瀏覽」鈕將檔案開啓於左側欄位中

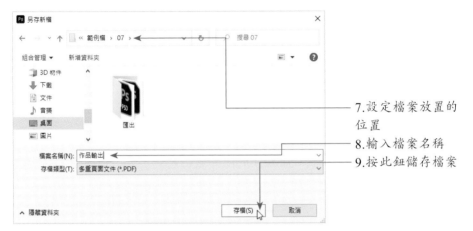

7.設定檔案放置的位置

8.輸入檔案名稱

9.按此鈕儲存檔案

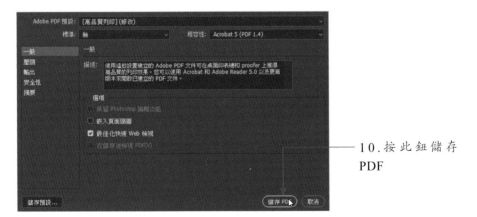

10.按此鈕儲存 PDF

　　儲存完畢後，在該資料夾中就可以看到剛剛儲存的PDF檔案，按滑鼠兩下即可開啓檔案，並在該視窗中瀏覽到所有的作品。

CHAPTER

7

由此處切換作品

　　如果不希望自己辛苦製作的作品被他人隨便盜用或列印，那麼在製作成PDF簡報時，可以針對「版權」的部分做特別的設定，這樣對方只能瀏覽作品，而不能進行編輯或列印的動作。設定方式簡述如下：

2.按此鈕儲存，並設定存放的位置

1.勾選「版權」的選項

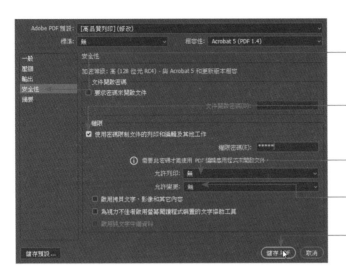

3.出現此視窗時，
點選「安全性」
的選項

4.勾選此項，並設
定密碼

5.允許列印設為
「無」

6.允許變更設為
「無」

7.按此鈕儲存PDF

9.按此鈕確定

8.再次輸入密碼

10.開啟PDF檔案
後，無法選擇列
印功能

CHAPTER

7

7-1-4 圖層構圖轉存成檔案

　　如果各位有使用到圖層構圖來編排版面，那麼編排完成的構圖可以透過「檔案 / 轉存 / 將圖層構圖轉存成檔案」指令，轉存成BMP、JPEG、PDF、PSD、Targa、TIFF、PNG-8、PNG-24等八種格式。選定好儲存的位置，再設定檔案名稱的字首，就能輕鬆將構圖轉換成指定的格式。請執行「檔案 / 轉存 / 將圖層構圖轉存成檔案」指令進入下圖視窗。

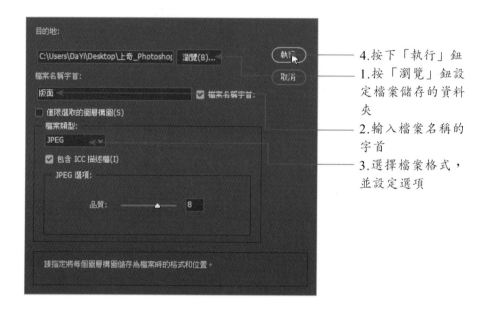

4.按下「執行」鈕

1.按「瀏覽」鈕設定檔案儲存的資料夾

2.輸入檔案名稱的字首

3.選擇檔案格式，並設定選項

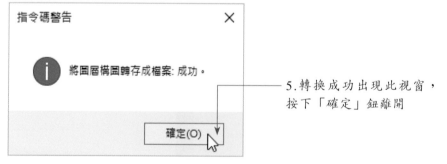

5.轉換成功出現此視窗，按下「確定」鈕離開

開啓目的地資料夾，就能看見所有的圖層構圖已轉成指定的格式。

7-2 輸出網頁元件

Photoshop是網頁設計師愛用的軟體，當然它也提供各種的網頁格式輸出功能，好讓設計師能夠將所編排的版面或按鈕一一匯出。這一小節就針對網頁元件輸出的相關功能作說明，讓各位也可以輕鬆做網頁。

7-2-1 以「切片工具」轉存按鈕圖檔

「切片工具」可將所設計的網頁按鈕切割出來，以便儲存成網頁常用的圖片格式。

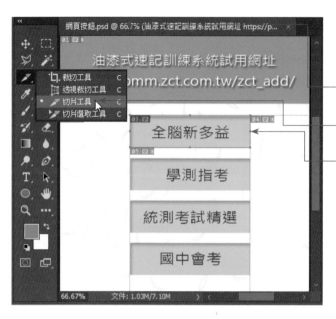

1.開啟「網頁按鈕.psd」

2.點選「切片工具」

3.拖曳出此按鈕區域

4.執行「檔案／轉存／儲存為網頁用」指令進入此視窗，並下拉選擇檔案格式

5.按下「儲存」鈕離開

CHAPTER

7

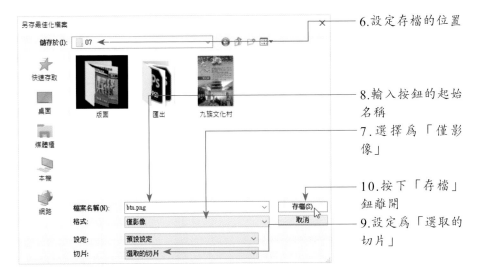

6.設定存檔的位置

8.輸入按鈕的起始名稱

7.選擇為「僅影像」

10.按下「存檔」鈕離開

9.設定為「選取的切片」

11.按下「確定」鈕

完成如上動作後，會自動在各位選取的資料夾中新增一個「images」資料夾，同時把我們所選取的按鈕存入。

7-2-2 以「切片工具」切割／轉存網頁

　　如果各位編排的網頁並不複雜，那麼也可以直接利用「切片工具」切割網頁，然後在按鈕上直接設定切片選項，這樣轉存成網頁檔後，就可以像一般網頁一樣，按下按鈕直接連結到指定的網址。

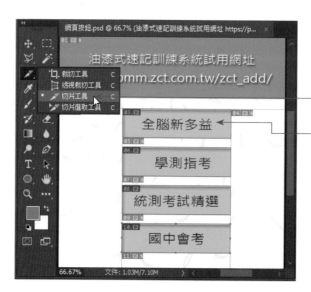

1. 點選「切片工具」
2. 分別切割出如圖的四個按鈕區塊

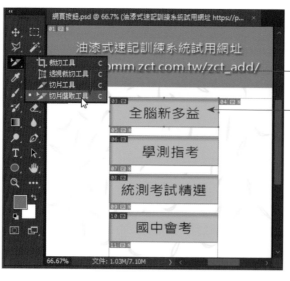

3. 點選「切片選取工具」
4. 依序點選按鈕，按滑鼠兩下於按鈕上，使分別進入「切片選項」的視窗

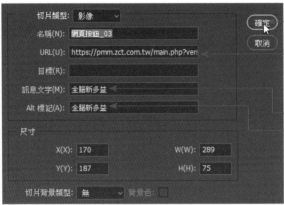

8. 按下「確定」鈕離開

5. 開啟「網址資料.txt」文字檔，將網址資訊貼入

6. 輸入訊息文字

7. 輸入標記文字

9. 以同樣方式完成其他三個按鈕的切片選項設定

10. 執行「檔案／轉存／儲存為網頁用」指令

11. 選擇存檔格式

12. 按下「儲存」鈕

CHAPTER

7

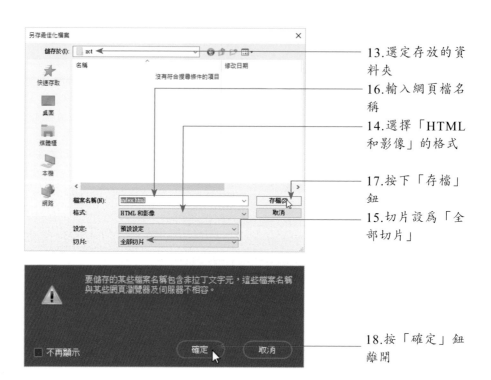

13. 選定存放的資料夾

16. 輸入網頁檔名稱

14. 選擇「HTML和影像」的格式

17. 按下「存檔」鈕

15. 切片設為「全部切片」

18. 按「確定」鈕離開

完成如上工作後開啟網頁檔，直接點選按鈕，就可以連結到指定的網頁囉！

1. 按下網頁按鈕

2.連結到該版本

7-2-3 自動分割切片

如果各位設計一整排的導覽列按鈕，不管是直排或橫排的按鈕列，為了能夠精確地分割切片，可以考慮利用「分割」的功能來平均分割。其設定方式如下：

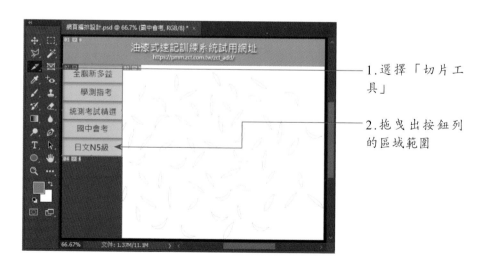

1.選擇「切片工具」

2.拖曳出按鈕列的區域範圍

CHAPTER

7

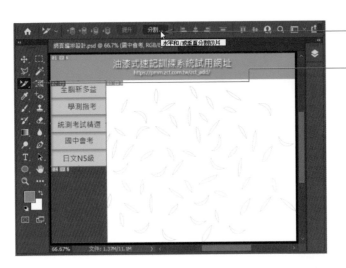

4.由「選項」列上
　按下「分割」鈕

3.切換到「切片選
　取工具」

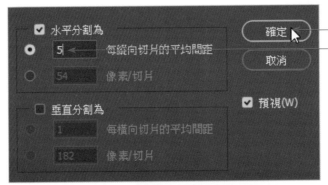

6.按下「確定」鈕

5.勾選「水平分割
　為」的選項，
　設定數值為「5」

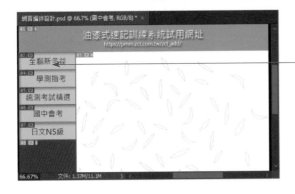

7.按鈕列平均切割為5
　個，切割區域整齊排列

接下來依照上面的方式儲存網頁或按鈕就可以了！

7-2-4 建立滑鼠指向效果按鈕

　　「滑鼠指向效果按鈕」是指網頁上當滑鼠移到按鈕處時，按鈕所顯示的變化效果。在設計時只要建立按鈕後，將該按鈕的圖層拖曳到「建立新圖層」鈕中，這樣就可以複製一份完全相同的圖形，屆時再更換複製物的顏色就可以了。如圖示：

顯示主要按鈕與文字效果

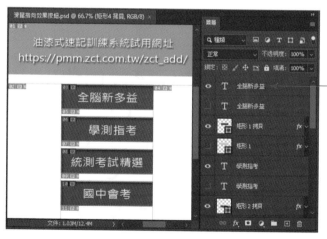

顯示滑鼠指向效果的按鈕與文字效果

　　當各位設計好按鈕的變化後，屆時利用圖層面板控制按鈕圖層的顯示與否，再透過前面介紹的方式以「切片工具」來轉存按鈕圖檔，這樣網頁編輯程式就可以作出按鈕的變化效果了。

7-3 影像列印

　　影像處理後，如果想要將它列印輸出，那麼利用「檔案／列印」指令就可以辦到。這裡簡要說明一些列印輸出的相關設定，希望大家都能夠將影像輸出成一張令人滿意的作品。

　　　設定列印份數
　　　設定列印紙張的
　　　方向

　　　勾選此項，影像
　　　大小會符合紙張
　　　的尺寸

　　　如需列印標記符
　　　號，請由此作設
　　　定

課後習題

是非題

1. (　　)　執行「檔案／轉存／路徑到Illustrator」指令可將Photoshop中所設定的路徑，轉存為ai格式。

2. (　　)　PDF格式可以顯示多重頁面的文件。

3. (　　) 要將作品轉存成PDF簡報格式時，可以任意自訂背景的顏色。

4. (　　) 製作成PDF簡報時，可以針對版權部分設定為禁止編輯或列印。

5. (　　) 「裁切工具」可以將設計的網頁按鈕切割出來，儲存成網頁的圖片格式。

6. (　　) 「切片選取工具」是用來選取切片，以便進行切片選項的設定。

7. (　　) 切割網頁時，透過「選項」列上的「分割」鈕，可將選取的切片作水平或垂直方向的分割。

8. (　　) 「滑鼠指向效果按鈕」是指網頁上當滑鼠移到按鈕處時，按鈕所顯示的變化效果。

9. (　　) 列印彩色影像時，無法將裁切標記一併列印出。

實作題

1. 請將提供的01.jpg～07.jpg圖檔，儲存成PDF簡報格式，並將背景色設為黑色。

　來源檔案：01.jpg-07.jpg

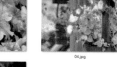

完成檔案：欣賞花ok.pdf

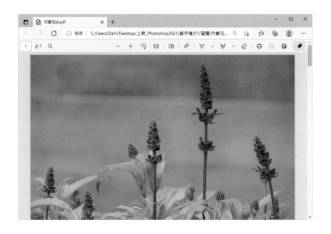

提示：

(1) 執行「檔案／自動／PDF簡報」的指令，按下「瀏覽」鈕將01.jpg-07.jpg圖檔匯入，選擇「簡報」的選項，由「背景」下拉選擇「黑色」，按「儲存」鈕儲存檔案，並設定儲存的檔名。

第八章

速學客製化專業名片

　　名片設計是公司行號或個人的表徵，對於不認識的人，藉由名片上的資訊就可以概略了解他的特點，而好的名片設計也可以給對方更深刻的印象。這裡我們以個人為主題，利用Photoshop來設計一個具個人風格的名片，因此只要將個人的生活照片去背處理後貼入名片中，運用向量工具加入色塊，最後再加入文字效果，就可輕鬆完成名片設計。

CHAPTER

8

8-1 設定名片尺寸與出血

　　首先利用「檔案 / 開新檔案」指令來新增名片的編輯區域。由於一般名片尺寸爲9公分×5.5公分，因爲要印刷用，天 / 地 / 左 / 右需要各加入0.3公分作爲出血，所以實際要新增的檔案應爲9.6公分×6.1公分。

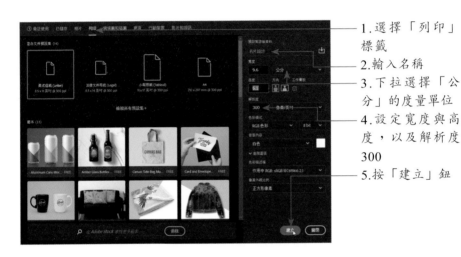

1.選擇「列印」標籤

2.輸入名稱

3.下拉選擇「公分」的度量單位

4.設定寬度與高度，以及解析度300

5.按「建立」鈕

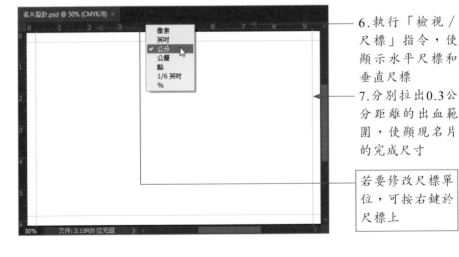

6.執行「檢視 / 尺標」指令，使顯示水平尺標和垂直尺標

7.分別拉出0.3公分距離的出血範圍，使顯現名片的完成尺寸

若要修改尺標單位，可按右鍵於尺標上

CHAPTER

8

8-2 為人像做去背景處理

　　確定編輯的尺寸大小後請自行存檔，以免檔案忘了儲存，心血結晶就泡湯了。接著請開啓「相片.JPG」圖檔準備做去背景處理，此處將以「調整邊緣」功能來調整影像邊緣的效果。各位也可以自行選用自己的相片替代，屆時輸入個人資料就可以了。

1. 執行「檔案／開啓舊檔」指令使進入此視窗

2. 點選相片

3. 按此鈕開啓檔案

7. 按下「選取並遮住」鈕

5. 設定羽化值爲「0」

4. 點選「多邊形工具」

6. 沿著人像的輪廓線將人像選取起來

8.設定羽化值

9.滿意邊緣的效果
則按下「確定」鈕
離開

10.將兩個檔案並
列，點選「移動
工具」，由「相
片.JPG」中將選取
區拖曳到「名片設
計.PSD」中

11.執行「編輯／
變形／縮放」指
令，將人像等比
例縮小成如圖的大
小，並置於右側

8-3 以形狀繪圖工具建立單色與漸層色塊

　　確定相片放置的位置後，接著要來利用「矩形工具」來繪製裝飾用淡藍色及綠色的區塊，同時加入藍色漸層到透明的長條區塊作為分隔。

淡藍色區塊

3.由此設為「形狀」

1.點選「背景圖層」

2.由此選擇「矩形工具」

4.由此設定前景色，使決定填滿的顏色

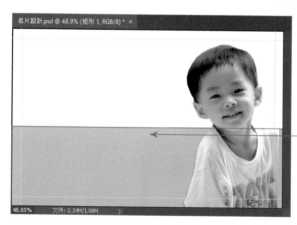

5.同肩膀高度繪製一矩形

CHAPTER

8

綠色區塊

2.在人像的圖層之
　上加按「Shift」
　鍵繪製如圖的綠
　色正方形

1.將前景色改為綠
　色

3.繼續加按「Shift」
　鍵繪製，然後放開
　「Shift」鍵就可以
　繪製成長條矩形，
　且向量圖形同在一
　圖層上

藍色漸層到透明的區塊

2.按下「填滿」鈕
3.選擇「漸層」

4.選擇「前景到透
　明」的漸層效果

1.將前景色改為藍
　色，背景色改為
　白色

5.繪製如圖的長條
　矩形

6.將長條矩形移到
　人像圖層的下方

7.按下「填滿」鈕

8.將線性漸漸層改
　為180度

9.按此鈕反轉漸層
　色

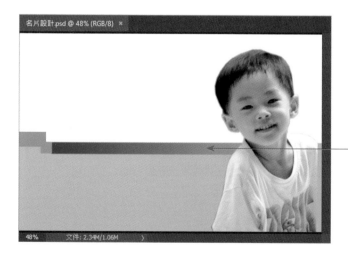

10.完成裝飾性的
　　色塊處理

CHAPTER

8

8-4 以文字工具輸入文字

　　底色圖案底定後，最後就是加入個人所屬的相關資料。這裡除了在上方以英文名字作為造型圖案外，下方則是簡要地提供個人的聯絡資訊與興趣等資訊。設定說明如下：

英文姓氏與名字

3.選取文字後，將字體設為「Vivaldi」、85級、淡藍色

2.在名片上方輸入英文姓氏

1.點選「水平文字工具」

5.字體設為「Se-goe Script」、36級、藍色

6.將文字圖層移到最上層

4.輸入英文名字

CHAPTER

8

7.執行「編輯／
變形／旋轉」指
令,將圖形旋轉
到如圖的角度,
然後按滑鼠兩下
使之套用

8.點選「移動工
具」

9.將圖形移到如
圖的位置

個人相關資訊

3.按此鈕切換到字
元面板

2.由此設定「Ado-
be繁黑體」、8
級、黑色字

1.在下方拖曳出文
字區塊,並輸入
文字內容

5.將行距縮小為 10

4.全選文字

6.顯示完成的版面編排

8-5 轉存CMYK色彩模式

　　在RGB色彩模式下，我們已經把名片設計完成，最後的工作就是轉換到CMYK的色彩模式。要交給印刷公司做印刷的檔案，各位可以選擇採用PSD檔，不過若檔案中有使用到特殊的字型，而印刷公司沒有該字型的話，文字就無法正確顯示，所以各位可以考慮在輸出時，將文字點陣化處理。由於文字點陣化處理後，已經不具有文字屬性，所以以後無法再做文字樣式或效果的修正，所以記得原始檔案一定要保留，文字點陣化的檔案則交由印刷公司做輸出和印刷。

1.執行「影像／模式／CMYK色彩」指令

2.選此項可以保留所有圖層

3.按下「確定」鈕

5.執行「文字／點陣化文字圖層」指令

4.同時選取三個文字圖層

CHAPTER

8

6.原先的文字層
已經變成去背的
圖層

第九章

民俗采風的吸睛傳單

在這個範例裡將以「九族文化村」為主題，利用四張相片將圖層樣式、文字圖層、圖層遮色片等功能作一個實際的演練，讓各位能夠學以致用，完成A4大小的宣傳單製作。

完成圖

原圖

CHAPTER

9

9-1 設定版面尺寸及底色

　　首先利用「檔案 / 開新檔案」指令開啓一張A4尺寸的影像視窗，同時決定背景顏色，以便待會的版面編排。

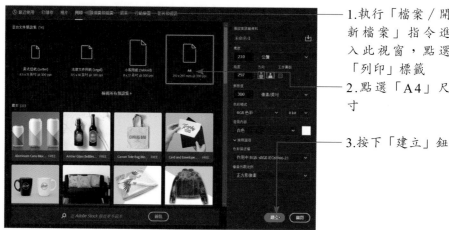

1.執行「檔案 / 開新檔案」指令進入此視窗，點選「列印」標籤

2.點選「A4」尺寸

3.按下「建立」鈕

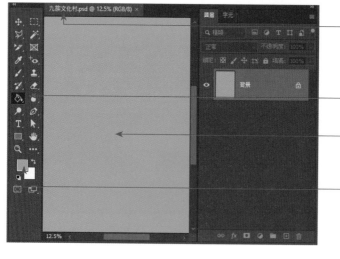

7.自行儲存檔案爲「九族文化村.psd」

4.點選「油漆桶」工具

6.將畫面填入橙黃色

5.前景色設爲R：241、G：166、B：34

9-2 編排圖片位置

確定紙張大小及解析度後，接下來就是一一將圖片插入到版面中，同時將想要保留的地方利用選取工具選取後加入圖層遮色片，或是利用「漸層工具」作遮色片，作出影像淡出的效果。

9-2-1 以選取方式加入遮罩

1.「檔案／開啟舊檔」指令，開啟「01.jpg」圖檔
2.兩個檔案並列，使用「移動工具」將圖片拖曳到編輯的版面上

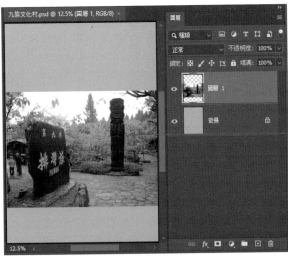

3.執行「編輯／變形／縮放」指令，等比例放大圖片，使圖片的寬度與版面寬度相同

CHAPTER

9

4.以多邊形套所
　工具選取此石牌

5.按此鈕增加圖
　層遮色片

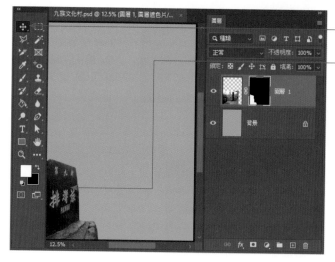

6.點選「移動工
　具」

7.將圖形移到左
　下角的位置上

9-2-2 使用漸層工具做遮色片

2.將圖片拖曳到版面中

1.開啟「02.jpg」圖檔

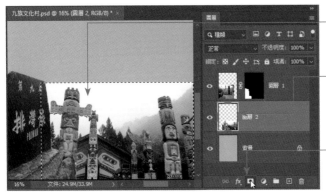

3.縮小影像如圖，再按滑鼠兩下確定

4.將圖層下移，加按「Ctrl」鍵選取圖示，使之選取影像

5.按此鈕增加圖層遮色片

8.設定黑白的線性漸層

9.由此做上下漸層

6.加按「Ctrl」鍵選取遮色片的圖示

7.點選漸層工具

10. 若要在遮色片上增加遮色片效果，請加按「Ctrl」鍵點選遮色片

11. 再拖曳出漸層範圍就可以了

接下來請各位依照如上方式，繼續將「03.jpg」與「04.jpg」圖檔插入，並完成如圖的遮色片設定與位置安排。

9-3 加入向量圖形與宣傳文字

　　圖片大致確定位置後,接下來就是加入向量式裝飾圖案,然後再利用「文字工具」輸入標題字和文化村的文字簡介。

9-3-1 置入AI格式的向量插圖

1.執行「檔案 / 置入崁入的物件」指令

2.點選AI的檔案

3.按下「置入」鈕

CHAPTER

9

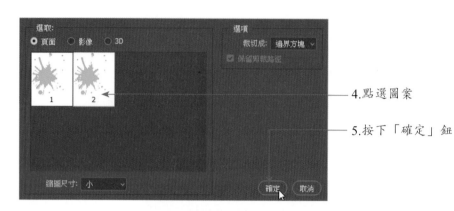

4.點選圖案

5.按下「確定」鈕

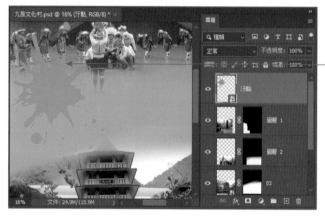

6.以滑鼠拖曳，縮小成如圖的大小

　　接下來再以向量繪圖工具繪製一矩形方塊作為底色圖案，方便作為標題文字「文化村」的顯現。

2.設定選項如圖

1.點選「矩形工具」

3.繪製如圖的長條矩形

CHAPTER

9

9-3-2 文字處理

2.分別輸入「九」、「族」二字，設定為白色、120級字

1.點選「水平文字工具」

3.再輸入「文化村」，設定為黃色、40級字

4.開啟所提供的文字檔

5.全選文字後，執行「編輯／複製」指令

6.選項列設定為12
級的黑體字

7.拖曳出文字框的
區域範圍，再按
「Ctrl」＋「V」鍵
將文字貼入

8.全選所有文字

9.開啟「字元」面
板，將「行距」
設為18

11.開啟「色票」
面板，直接點選
要更換的顏色

12.由「字元」面
板設定為「底線」
的樣式

10.依序點選小標
文字

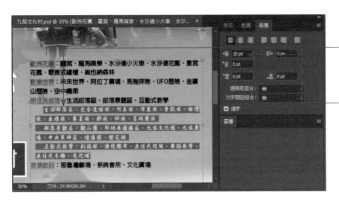

13. 點選「原住民部落」的副標文字，並更換字型

14. 開啟「段落」面板，設為「縮排左邊界」10pt

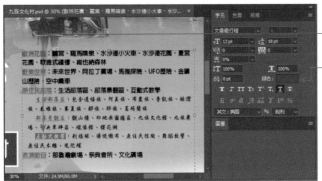

15. 依序點選副標題

16. 由「色票」面板和「字元」面板設定顏色和底線

17. 顯示目前完成的版面效果

CHAPTER

9

9-4 加入圖層樣式

　　行文至此，宣傳單大致底定，此處筆者要再加入「陰影」的圖層樣式於「01」圖片中，讓下方的圖片更有層次感，另外，主標題——「九族」則加入陰影和筆畫效果，讓文字效果更鮮明。

1.點選此圖層

2.按「增加圖層樣式」鈕，加入「陰影」樣式

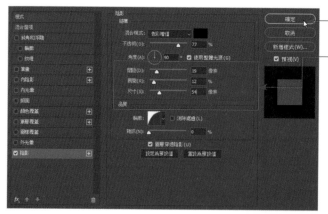

4.按此鈕確定

3.設定選項如圖

CHAPTER

9

5.依序點選「九」
　和「族」的圖層

6.加入「筆畫」的
　圖層樣式

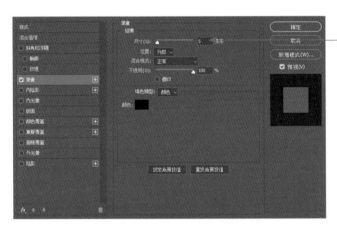

7.尺寸設為5，位
　置為「外部」

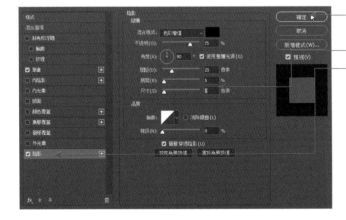

10.按此鈕確定

9.設定選項如圖

8.勾選並切換到
　「陰影」

——11.顯示完成的標題文字效果

宣傳單完成囉！相信各位對於圖層的應用應該更了解了吧！

第十章

完美體驗的版面設計眉角

　　從事軟體設計時，通常是採團隊合作的方式。也就是說美術設計師只負責版面設計，但必須將版面設計中的背景圖、按鈕元件個別儲存，再將所有元件交由程式設計師進行程式設計與畫面串接。如下所示是簡單的版面編排，當使用者的滑鼠進入按鈕區域時，按鈕就會自動變更色彩或樣式，以便告知使用者這裡有作用。

正常狀態下所看到的軟體介面

CHAPTER

10

滑鼠滑入時所看到
的按鈕變化

　　在軟體設計裡，背景和按鈕通常是分開處理，而一個按鈕通常會儲存
兩個檔案，一個是滑鼠未滑入時的狀態，另一個是滑鼠滑入時所顯現的不
同變化。這裡利用「色版」做去背景處理，讓設計的按鈕可以和版面底圖
完美結合。另外美術設計人員還必須給程式設計師按鈕座標，以便將按鈕
貼入正確的位置。此章一併將這些技巧介紹給各位知道。

10-1 背景底圖轉存

　　背景底圖指的是不包含按鈕的底圖，也就是版面中不會動到的圖形物
件，都可視為底圖。儲存時只要將不要顯示的圖層關閉，合併圖層後儲存
為tga格式就行了。轉存方式如下：

1.依序按此處的眼
　睛，將按鈕部分
　的圖層隱藏起來

2.按此鈕

4.出現此視窗時，
　按下「確定」鈕
　離開

3.下拉選擇「影像
　平面化」指令

5.按此鈕儲存在
　電腦中

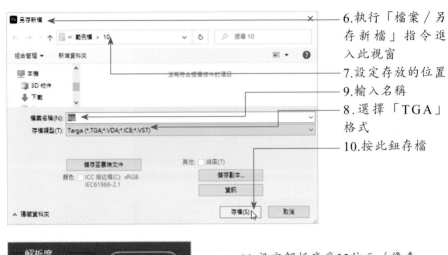

6.執行「檔案／另
存新檔」指令進
入此視窗

7.設定存放的位置

9.輸入名稱

8.選擇「TGA」
格式

10.按此鈕存檔

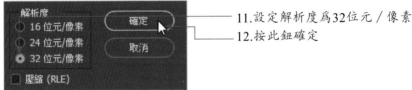

11.設定解析度為32位元／像素

12.按此鈕確定

13.切換到「步驟
記錄」面板

14.按下「開啟」，
即可回到檔案開
啟的狀態

10-2 正常狀態按鈕去背轉存

　　首先做正常狀態下的按鈕。這裡以「智力測驗」按鈕做示範，按鈕點
選後必須做裁切、平面化、以色版加入遮色片，再儲存為TGA格式就可
以了。

2.按此鈕

1.加按「Ctrl」鍵
將智力測驗所屬
的三個圖層點選
起來

3.下拉選擇「合
併圖層」指令

4.加按「Ctrl」鍵
點選圖示，使選
取合併的圖形

5.執行「影像／
裁切」指令使修
剪畫面

6.按此鈕

7.下拉執行「影
像平面化」指
令，使合併成背
景圖層

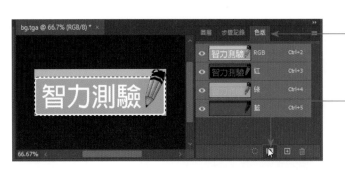

8.切換到「色版」面板

9.按此鈕儲存選取區為色版，使加入「Alpha 1」色版

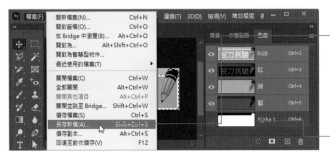

10.執行「檔案/另存新檔」指令，並選擇「儲存在您的電腦中」

顯示加入的色板

12.輸入按鈕名稱

11.選擇「TGA」格式

13.按下「存檔」鈕

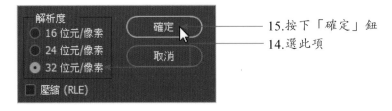

15.按下「確定」鈕

14.選此項

16.由「步驟記錄」
面板回到「開啟」
的狀態

10-3 滑入狀態按鈕去背轉存

當滑鼠移入按鈕區時,按鈕顯示不同的色彩變化,好讓使用者知道已
經有碰觸的按鈕。各位可以依照自己的創意來設計效果,此處示範將按鈕
區塊變換成紫色,而文字變換成黃色。

3.由此下拉更換
顏色

1.點選「智力測
驗」的底圖圖層

2.選擇原先繪製
的「矩形工具」

6.由此將文字改
為黃色

4.點選文字圖層

5.選取文字工具

8.按此鈕

7.選取此三個圖層

9.將圖層合併成一個圖層

11.執行「影像／裁切」指令使裁切畫面

10.智力測驗按鈕已經合併成一個了，按「Ctrl」鍵於圖示，使選取圖形

12.先執行「圖層／影像平面化」指令使合併成背景層

13.切換到「色版」面板，按此鈕儲存選取區為色版，使加入「Alpha 1」色版

　　同上方式，執行「檔案／另存新檔」指令，將檔案儲存為「test1_02. tga」格式就可以了。當各位依序完成其他兩個按鈕的轉存，就可以將相關圖檔交由程式設計師去做組合。

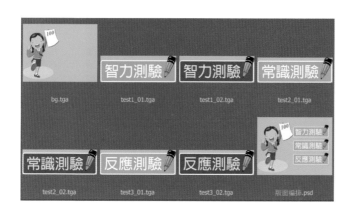

10-4 按鈕座標設定

有了背景圖與按鈕等相關圖檔，接下來還必須標明按鈕的座標位置，這樣程式設計師才能將按鈕顯示在正確的位置上，此處我們利用尺標拉出參考線，再由「資訊」面板上得到XY的座標位置。

1. 由「檢視」功能表開啟「尺標」，尺標上拉出如圖的參考線（按鈕位置必須包含筆的部分，而非只有矩形區域）

2. 由此將測量單位設為「像素」

3.點選「移動工具」

4.滑鼠指標點在按鈕的左上角處

5.這裡顯示「智力測驗」的座標位置為（381,74）

接著就是依序將「常識測驗」、「反應測驗」的座標抄錄下來給程式設計師就可大功告成。

CHAPTER

10

第十一章

迎春送福的年節賀卡巧思

　　新的一年又要開始，想利用網路寄張新春賀卡給親朋好友，以表達自己的祝福之意，順便連絡一下感情，那麼這個範例可以做為各位的參考。找張財神相片，做個討喜的底圖，再加上祝福的文字與自己的親筆簽名，保證讓收到賀卡的人可以感受到您的誠意。

CHAPTER

11

11-1 設定賀卡尺寸和底色

　　首先利用「檔案／開新檔案」指令來新增卡片的編輯區域。由於要使用網路來傳送，因此解析度只要設定為72就可以了，至於卡片的長寬，各位可以自行決定，在此筆者設定為540×350像素。

1.執行「檔案／開新檔案」指令進入此視窗，選擇「網頁」標籤

2.設定如圖的寬、高、解析度，並取消「工作靈板」的勾選

3.按「建立」鈕建立檔案

5.點選「油漆桶工具」

6.至頁面上按一下左鍵，使填入紅色

4.將前景色設為 R：230、G：0、Y：18的紅色

　　確定編輯的尺寸大小後，請各位自行存檔，然後再依照下面的小節繼續進行編輯。

11-2 網屏圖案製作

　　為了不讓底圖太過單調，筆者將在左側加入圓形的點綴圖案。我們先建立一個粉紅色到紅色的漸層，再運用「像素／彩色網屏」來形成圓點，而利用「色相／飽和度」的調整就可以選擇想要的色調，最後再利用圖層遮色片讓圖案能融入背景的紅色中。

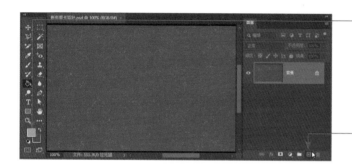

1.將前景色設為R：242、G：156、B：159的粉紅色，背景色設為R：229、G：0、B：79的紅色

2.由圖層面板按下此鈕，使新增一圖層

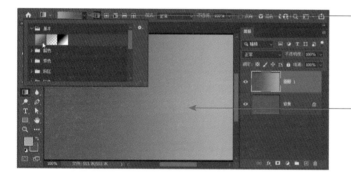

3.按此鈕，並下拉選擇「前景到背景」的漸層效果

4.由頁面右側拖曳到左側，作出如圖的漸層效果

CHAPTER

11

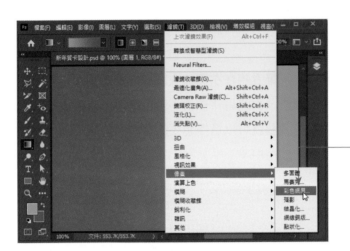

5.執行「濾鏡／
像素／彩色網
屏」指令使進入
下圖視窗

7.按此鈕確定

6.設定如圖的數值

8.再執行「影像
／調整／色相
／飽和度」指令

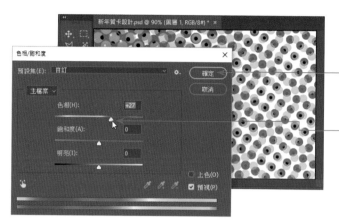

10.確定色調後，
按此鈕離開

9.調整色相的滑
鈕，並由視窗後
方預視色彩的效
果

CHAPTER

11

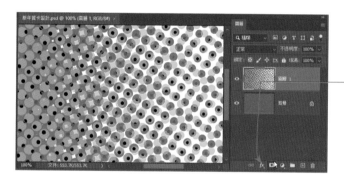

11.由圖層面板按
下「增加圖層遮
色片」鈕

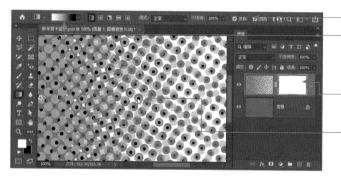

14.勾選「反向」

13.選擇黑白的線
性漸層

12.確認方框設在
遮罩上

15.由左側到中間
做漸層

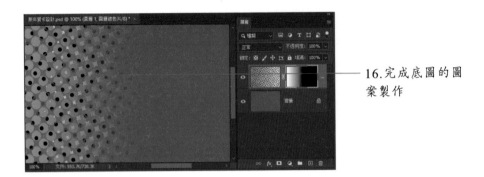

16.完成底圖的圖
案製作

11-3 財神圖案的去背與樣式設定

　　確認底圖後，接著要把「財神.jpg」圖案做去背景處理，然後複製到
卡片上，再加入圖層樣式的筆畫與陰影效果。

11-3-1 圖形去背與複製

1.執行「檔案／開
啟舊檔」指令，
使顯示此視窗

2.選取「財神」的
縮圖

3.按此鈕開啟檔案

4.點選「魔術棒工具」

5.按一下先選取白色背景

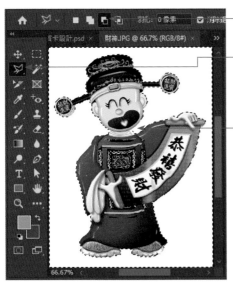

7.設定爲「從範圍中減去」

6.改選「多邊形套索工具」

8.將頸部、兩腳多餘的部分減掉

9.執行「選取／修改／擴張」指令進入此視窗，將數值設爲「1」，使選取區擴大至財神爺內

10.按此鈕確定

CHAPTER

11

11.執行「選取／反轉」指令，使改選財神爺的造型

12.執行「圖層／新增／拷貝的圖層」指令，使選取區變成獨立的圖層

13.執行「圖層／
複製圖層」指令

16.按此鈕確定

14.輸入圖層名稱

15.下拉選擇賀卡
的檔案作為目的
地文件

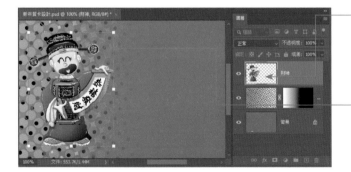

17.切換回到「新
年賀卡設計」的
檔案上，即可看
到財神的圖案已
複製進來了

18.執行「編輯／
變形／縮放」指
令，將財神的圖
案縮小成如圖的
大小，並按「En-
ter」鍵確認

11-3-2 加入陰影與筆畫樣式

2.選擇「陰影」
　樣式

1.按「新增圖層
　樣式」鈕

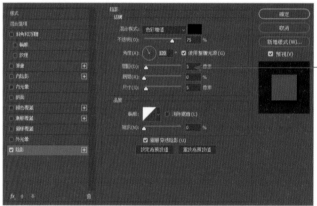

3.設定陰影的樣
　式如圖

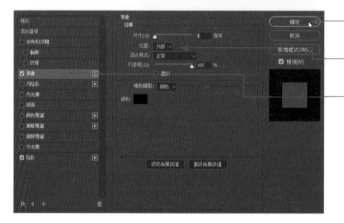

6.按「確定」鈕離
　開

5.設定筆畫的樣式
　如圖

4.切換到「筆畫」

9. 不透明度設爲「75%」

7. 點選「橢圓工具」

8. 在財神的圖層下方繪製一橢圓形

10. 完成財神造型的設定

11-4 標題與祝福語製作

　　財神爺製作完成後，接著要在右側加入「吉祥如意」的標題及祝福語。爲了凸顯標題字，範例中將會爲「吉祥如意」四字加入筆畫和陰影的圖層樣式。

11-4-1 標題字設定

3.設定為「Adobe繁
黑體Std」、80級，色
彩為黃色（R：241、
G：255、B：86）

2.輸入「吉祥如意」
四字

1.點選「垂直文字工
具」

5.開啟「字元」
面板，將行距設
為「80」

4.全選文字

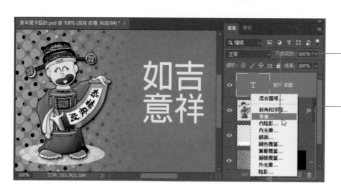

7.選擇「筆畫」
指令

6.按「增加圖層
樣式」鈕

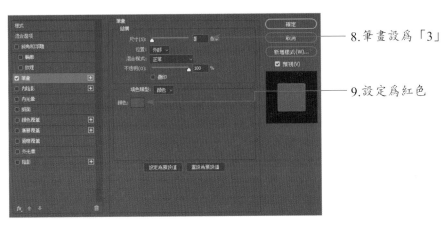

8.筆畫設為「3」

9.設定為紅色

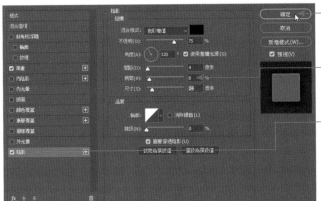

12.按此鈕確定

11.設定間距、展
開、尺寸等數值

10.勾選並切換到
「陰影」

13.完成標題字設
定

11-4-2 祝福語設定

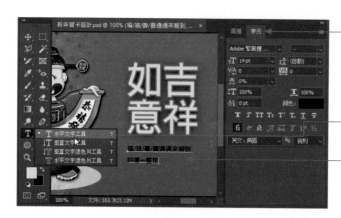

3.開啟「字元」面板，字體改為黑色的14級字，行距設為「自動」

1.點選「水平文字工具」

2.輸入文字內容如圖

4.完成祝福語的設定

11-5 簽名檔的加入

　　表現誠意的最好方式就是自己設計賀卡，而網路上卡片何其多，要讓親朋好友感受到卡片是你親手設計製作，最簡單的方式就是加入你自己的簽名。各位可以在空白紙上以黑色簽字筆簽上自己的名字，然後再利用掃

描器掃描到電腦上，掃描時請選用「黑白相片或文字」的相片類型，這樣掃出來的效果會比較好。

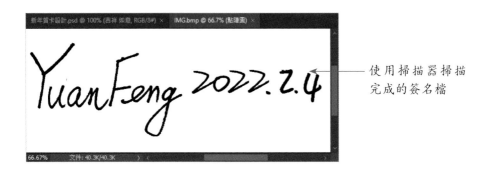

使用掃描器掃描
完成的簽名檔

掃描進來的簽名是屬於「點陣圖」的模式，因此必須先轉換色彩模式為灰階、RGB色彩，才能與賀卡整合在一起。

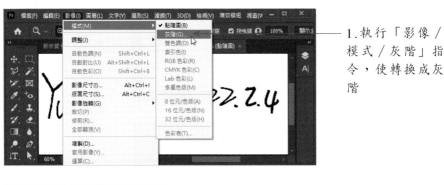

1.執行「影像／
模式／灰階」指
令，使轉換成灰
階

3.按下「確定」鈕

2.比率設為「1」

4.執行「影像 /
模式 / R G B色
彩」指令，使轉
換成RGB模式

　　轉換成RGB模式後，接著就是將簽名選取起來，再拖曳到賀卡上就可以了。由於簽名裡有一些不連貫的筆觸，這時「選取 / 相近色」指令就可以派上用場。

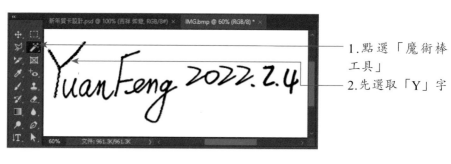

1.點選「魔術棒
工具」

2.先選取「Y」字

3.執行「選取 /
相近色」指令，
使選取所有黑色
部分

4. 將兩個檔案並列，使用「移動工具」將簽名的選取區拖曳到賀卡中

5. 執行「編輯/任意變形」指令將簽名縮小，同時做些微的旋轉，使顯現如圖，確認位置後按「Enter」鍵確定位置

　　當各位將簽名處放大後，會覺得邊緣處會殘留一些白邊，如圖所示：

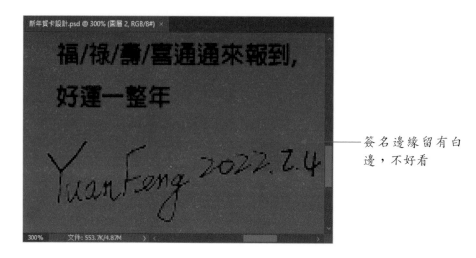

簽名邊緣留有白
邊，不好看

此時只要將「圖層」面板的混合模式改為「變暗」，瞧！簽名上的殘
留就消失得無影無蹤了！

1.下拉選擇「變
暗」模式

2.白邊不見了

第十二章

創意插圖就該這樣玩

在網路上經常可以看到許多人生格言或勵志短句，這些格言或短句往往是聖賢或偉人的人生經驗談，常看這些格言短句能激勵或警惕自己，以便時時反省自己的行為舉止。在這個範例中我們將以「境隨心轉，心安平安」作為插畫的主題，由此來發想並設計插圖，期望收到這句格言短句的人，都有想收藏它或分享它的欲望。

12-1 設定插圖尺寸

　　首先利用「檔案／開新檔案」指令來新增插圖的編輯區域，此處我們選擇A4的列印尺寸。

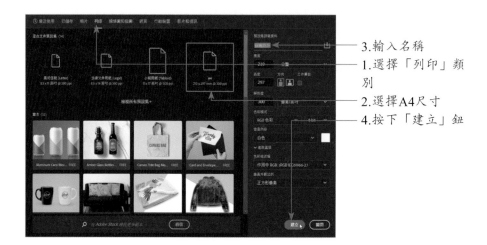

3.輸入名稱
1.選擇「列印」類別
2.選擇A4尺寸
4.按下「建立」鈕

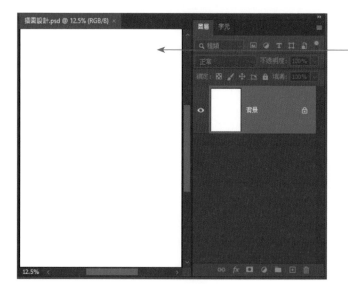

5.確定編輯的區域範圍

12-2 影像去背景處理

　　確定插畫的尺寸後，接下來準備爲「插花.jpg」圖檔作去背景處理。
我們將利用「套索工具」概略選取插花的部分，再利用「調整邊緣」功能
來決定畫面羽化的程度。

4.按此鈕調整邊緣

2.羽化值設爲「0」

1.點選「套索工具」

3.至頁面上概略拖曳出插花的區域範圍

5.設定選項內容如圖，並由預視窗預覽柔邊的程度

6.按此鈕確定

CHAPTER 12

7.將兩個檔案並
列，把插花的選
取區域拖曳到空
白的文件編輯區
中

8.執行「編輯／
變形／縮放」指
令，將影像放大
至如圖的大小

12-3 漸層底色與圖案設定

　　在背景部分，筆者將加入淡黃色（R：251、G：245、B：148）到綠色（R：143、G：195、B：31）的線性漸層，複製一份漸層後，依序加入「點狀化」和「油畫」的濾鏡特效，再透過反射性漸層的遮色片設定，使濾鏡所產生的圖案效果與漸層的色融合在一起。設定方式如下：

12-3-1 設定黃色到綠色的線性漸層

4.選擇「線性漸層」
3.點選「漸層工具」
1.點選前景色塊，將顏色設為淡黃色（R：251、G：245、B：148）
2.點選背景色塊，將顏色設為綠色（R：143、G：195、B：31）
5.按此鈕在「背景」圖層上方新增一個透明圖層

6.由上到下拖曳出如圖的漸層效果

12-3-2 為漸層色加入點狀化特效與漸層遮罩

1.點選此漸層圖層
2.將圖層縮圖拖曳到「建立新圖層」鈕中，使建立拷貝層

3.在拷貝層上執行「濾鏡 / 像素 / 點狀化」指令

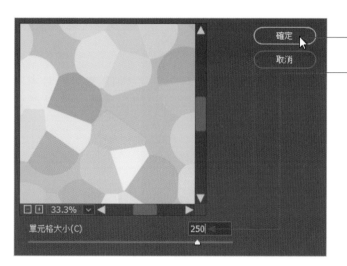

5.按此鈕確定

4.單元格大小設
　為「250」

6.顯示點狀化的
　圖案效果

7.按此鈕增加圖
　層遮色片

9.設定為白到黑的「反射性漸層」

10.由中間往上方作出如圖的漸層變化

8.點選「漸層工具」

12-4 為花朵加入銳利化濾鏡

剛剛將花加入文件時，由於有作放大的處理，所以目前盆花的清晰程度並不夠，現在要利用「濾鏡」功能表中的「銳利化」功能來將影像變清晰些。

1.點選盆花所在的圖層

2.執行「濾鏡／銳利化／遮色片銳利化調整」指令

4.按此鈕確定

3.設定數值如圖

5.花朵的輪廓線變銳利了，反差也較強

12-5 標題文字沿路徑排列

　　在標題字部分將利用「鋼筆工具」繪製一條延著花周圍的路徑，再讓文字順著路徑垂直排列，以便把視線帶到下方的內文字。除此之外，還會

CHAPTER

12

為文字加入黑色的邊框，同時加入清晰的與柔和的陰影效果。其設定方式如下：

1.點選「筆型工具」

2.繪製如圖的曲線

4.按一下路徑的
　起點位置，即可
　開始輸入文字

3.點選「垂直文
　字工具」

5.將文字設爲
「Adobe繁黑體
Std」、60級、白
色

7.下拉選擇「筆
畫」

6.按下「圖層樣
式」鈕

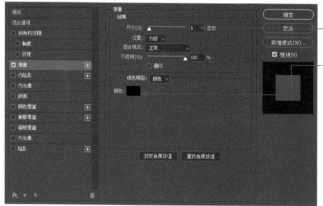

8.將筆畫設爲「5」

9.顏色設爲黑色

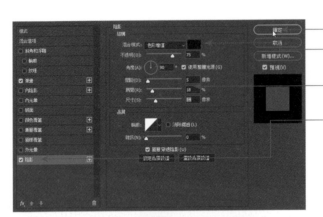

——13.按此鈕確定

——11.將陰影設為深綠色

——12.設定間距、展開、
尺寸如圖

——10.勾選並切換到「陰
影」

——14.文字效果顯示如圖

——15.將文字層拖曳到下方的
「建立新圖層」鈕中，使
複製該圖層

——18.將文字顏色改為黑色

——16.按此鈕先關閉上層的文
字

——17.點選下層的文字圖層

20.在下層文字點選的狀態下點選「移動工具」，利用鍵盤上的「向右」與「向上」按鍵作些許的位移

19.按此鈕將上層的文字顯示出來

21.完成標題文字的效果設定

12-6 字元面板設定內文字

行文至此，只剩下內文字尚未加入。各位可以開啟提供的文字檔——「境隨心轉.txt」，複製文字後，在Photoshop利用「水平文字工具」來貼入文字，最後再利用「字元」面板設定字元格式就可以了。

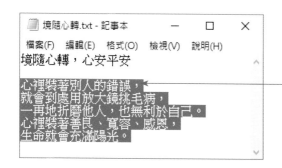

1.開啟文字檔，選取內文字後，按「Ctrl」+「C」鍵複製文字

4.將字形大小設為「24」

2.點選「水平文字工具」

3.在頁面上按一下左鍵，按「Ctrl」+「v」鍵貼入文字

6.開啟「字元」面板，將行距設為「36」

7.將選取字元的字距調整為「0」

5.全選所有內文字

8.以「移動工具」調整內文字的位置

9.插圖完成囉！

第十三章

手把手摺頁式廣告傳單設計

在這個範例中將著重在折疊式宣傳單的設計。這是一份A4大小的紙張，摺疊成三折，為正反兩面，摺疊後的第一頁最好讓拿到折頁的人能夠清楚了解到主題，有興趣的話就會自動攤開來瀏覽。範例中將著重在影像的合成，另外還包括圖層的複製、圖層樣式的複製／貼上、以及段落樣式的設定與套用，讓各位可以加快編輯的速度。不多說廢話，咱們開始動手做做看！

慶典活動

大高雄是個熱情又熱鬧的城市，每個月份都有不同的大型活動，不論何時來高雄旅遊，都有新鮮有趣的活動等著各位來探索。

一月：好漢坑字節
二月：高雄燈會、美濃波斯菊花季
三月：大港開唱、內門宋江陣
四月：岡山籮筐會
五月：高雄設計節、大樹鳳荔文化觀光季
六月：端午龍舟競賽
七／八月：夏日高雄
九月：戲獅甲藝術節
十月：左營萬年季
十一月：國際貨櫃藝術節、國際鋼雕文化節、虱目魚文化節
十二月：跨年演唱會

以「好漢坑字節」為例，它是將廣字解構再重新組合，讓文字有更多的想像空間。愛河的燈會總是在元宵節前後舉行，綿延三公里的花燈與各式各樣的攤位，加上精采的傳火表演，總是吸引觀光客的目光。又如內門宋江陣活動，是全國最完整的民俗藝陣，獨一無二的特色，享譽國際民俗技藝。而每年大樹鄉的鳳荔文化觀光季，總是結合農產品活動，因此吸引許多觀光客前往品嚐玉荷包荔枝和金鑽鳳梨。至於戲獅甲藝術節，是金石最具水準、獎金最高的聲陣比賽，高雄上的興躍總令人心跳加速。跨年晚會則是一整年度活動的最高潮，戲字藝人的各項才藝令人目不轉睛、尤其是倒數時刻，大家一起愉悅地看高雄並期待更精彩一年的到來。

浪漫海港

高雄具有海洋首都「水岸城市」的名號，境內包含了海、港、河的資源，歡迎各位來高雄坐渡輪、吃海鮮、遊海港，享受與市區旅遊截然不同的悠閒步調。

愛河貫穿高雄市區，是高雄重點觀光地區，夜晚在河畔的步道散步或是喝咖啡、聽音樂，真受碼頭對面在出海口附近，可眺望愛河渡輪碼頭，同時欣賞高雄璀璨林立的都會夜景。如果想體驗高雄港之美，可搭乘「真愛碼頭-旗津渡港」的觀光遊港輪。也可以自鼓山搭乘渡輪到旗津，怏經十分鐘就可抵達，坐渡輪時，近看可欣賞高雄港灣，遠眺中山大學後山景緻，拿運的話可看到大船入港的畫面。另外、西子灣的夕照是高雄八大勝景之一，每到日落時分，海岸邊總是即可看到遊客群聚，天色昏暗之際，每個欄杆間可看到男女對對相依。情話綿綿，遊「情人洞」也成為西子灣引人駐足的地因。其他像是渡人碼頭、香蕉碼頭、情人碼頭、興建港等也是觀光休憩的好地方。

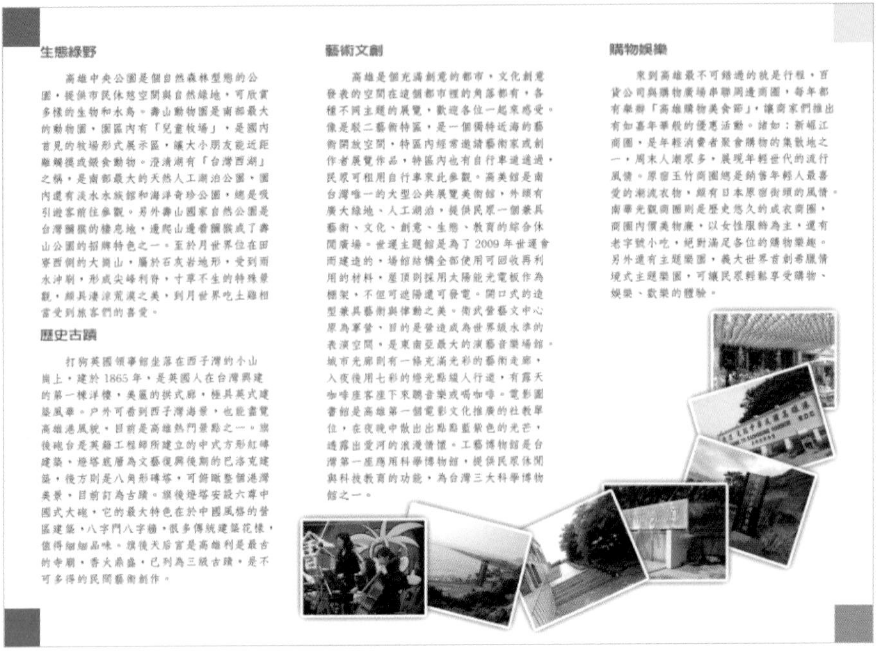

生態綠野

高雄中央公園是個自然森林型態的公園，提供市民休憩空間與自然綠地，可欣賞多樣的生物和水鳥。壽山動物園是南部最大的動物園，園區內有「兒童牧場」，是國內首見的牧場形式展示區，讓大小朋友能近距離觸摸或餵食動物。澄清湖有「台灣西湖」之稱，是南部最大的天然人工湖泊公園，園內還有淡水水族館和海洋奇珍公園，總是吸引遊客前往參觀。另外壽山國家自然公園是台灣獼猴的棲息地，邊爬山邊看獼猴成了壽山公園的招牌特色之一。至於月世界位在田寮西側的大崗山，屬於石灰岩地形，受到雨水沖刷，形成尖峰利脊，寸草不生的特殊景觀，頗具淒涼荒漠之美，到月世界吃土雞相當受到旅客們的喜愛。

歷史古蹟

打狗英國領事館坐落在西子灣的小山崗上，建於 1865 年，是英國人在台灣興建的第一棟洋樓，美麗的拱式廊，極具英式建築風華。戶外可看到西子灣海景，也能盡覽高雄港風貌，目前是高雄熱門景點之一。旗後砲台是英籍工程師所建立的中式方形紅磚建築，燈塔底層為文藝復興後期的巴洛克建築，後方則是八角形磚塔，可俯瞰整個港灣美景，目前訂為古蹟。旗後燈塔安設六尊中國式大砲，它的最大特色在於中國風格的營區建築，八字門八字牆，很多傳統建築花樣，值得細細品味。旗後天后宮是高雄利是最古的寺廟，香火鼎盛，已列為三級古蹟，是不可多得的民間藝術創作。

藝術文創

高雄是個充滿創意的都市，文化創意發表的空間在這個都市裡的角落都有，各種不同主題的展覽，歡迎各位一起來感受。像是駁二藝術特區，是一個獨特近海的藝術開放空間，特區內經常邀請藝術家或創作者展覽作品，特區內也有自行車道通過，民眾可租用自行車來此參觀。高美館是南台灣唯一的大型公共展覽美術館，外環有廣大綠地、人工湖泊，提供民眾一個兼具藝術、文化、創意、生態、教育的綜合休閒廣場。世運主題館是為了 2009 年世運會而建造的，場館結構全部使用可回收再利用的材料，屋頂則採用太陽能光電板作為棚架，不但可遮陽還可發電。開口式的造型兼具藝術與律動之美。衛武營藝文中心原為軍營，目的是營造成為世界級水準的表演空間，是東南亞最大的演藝音樂場館。城市光廊則有一條充滿光彩的藝術走廊，入夜後用七彩的燈光點綴人行道，有露天咖啡座客座下來聽音樂或喝咖啡。電影圖書館是高雄第一個電影文化推廣的社教單位，在夜晚中散出出點點藍紫色的光芒，透露出愛河的浪漫情懷。工藝博物館是台灣第一座應用科學博物館，提供民眾休閒與科技教育的功能，為台灣三大科學博物館之一。

購物娛樂

來到高雄最不可錯過的就是行程，百貨公司與購物廣場串聯周邊商圈，每年都有舉辦「高雄購物美食節」，讓商家們推出有如嘉年華般的優惠活動。諸如：新堀江商圈，是年輕消費者聚會購物的集散地之一，周末人潮眾多，展現年輕世代的流行風情。原宿玉竹商圈總是銷售年輕人最喜愛的潮流衣物，頗有日本原宿街頭的風情。南華光觀商圈則是歷史悠久的成衣商圈，商圈內價美物廉，以女性服飾為主，還有老字號小吃，絕對滿足各位的購物樂趣。另外還有主題樂園，義大世界首創希臘情境式主題樂園，可讓民眾輕鬆享受購物、娛樂、歡樂的體驗。

13-1 設定摺頁尺寸

首先利用「檔案／開新檔案」指令來新增摺頁式宣傳單的編輯區域。由於摺疊後的寬度爲10公分，高21公分，攤開紙張時則爲30公分×21公分，再加上出血的部分，因此編輯尺寸應設爲30.6公分與21.6公分、300解析度。

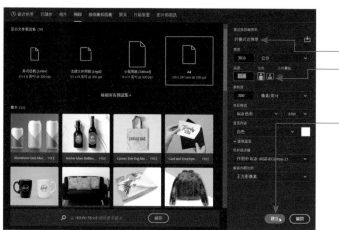

1. 輸入名稱

2. 設定文件的寬度、高度、解析度如圖

3. 按此鈕建立

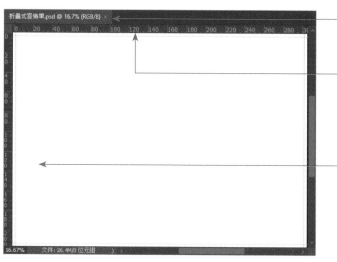

4. 顯示新增的文件大小

5. 執行「檢視／尺標」指令開啟水平尺標和垂直尺標

6. 分別在天／地／左／右拉出0.3公分寬度的出血部分

CHAPTER

13

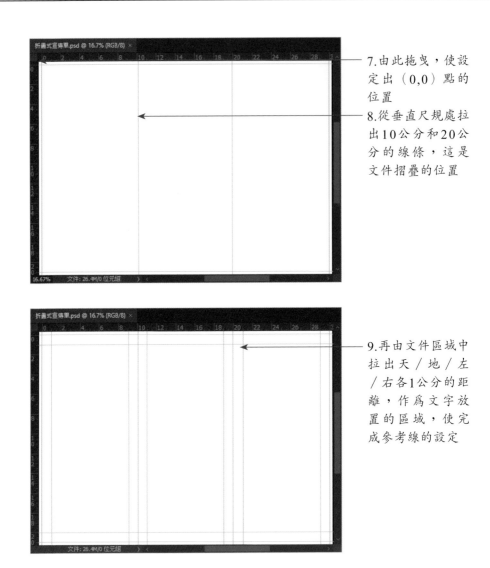

7.由此拖曳，使設
定出（0,0）點的
位置

8.從垂直尺規處拉
出10公分和20公
分的線條，這是
文件摺疊的位置

9.再由文件區域中
拉出天／地／左
／右各1公分的距
離，作為文字放
置的區域，使完
成參考線的設定

13-2 新增與套用段落樣式

　　Photoshop雖然是影像繪圖軟體，不過它也能像文書處理軟體一樣作
樣式的設定，但是它無法像排版軟體一樣具有文字連結的功能，所以在編

排文字時，各位最好能對文字內容有所了解，相關文字內容可參閱「大高
雄報導.doc」。

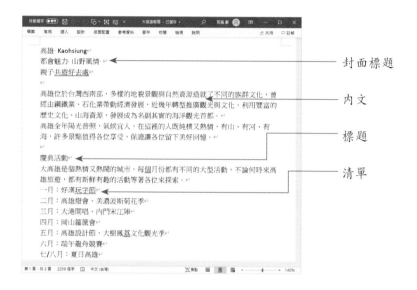

封面標題
內文
標題
清單

　　由於Photoshop的文字圖層並不具有文字連結的功能，所以必須分段
拷貝段落文字，再將文字貼入Photoshop的文字框中。先概略確定文字的
編排區域後，再來安排插圖的位置。

13-2-1 複製與貼入段落文字

　　開啟「大高雄報導.doc」文字檔後選取第一段文字，以「Ctrl」+
「C」鍵複製到剪貼簿中，回到Photoshop軟體時，選用「水平文字工
具」拖曳出文字框的範圍，再按「Ctrl」+「V」鍵貼入文字。有了文字內
容，才可以在文件上觀看到文字的效果，方便設計者調整段落文字的效
果。

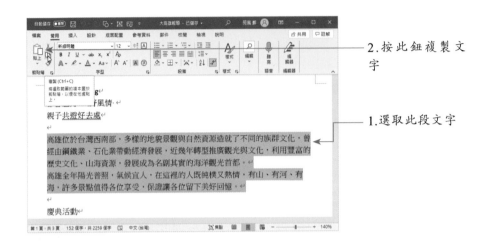

2.按此鈕複製文字

1.選取此段文字

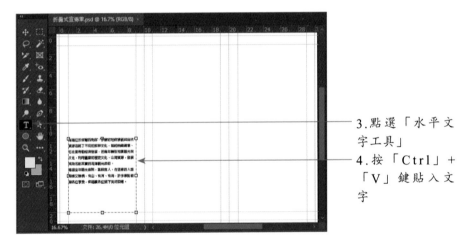

3.點選「水平文字工具」

4.按「Ctrl」+「V」鍵貼入文字

13-2-2 新增「內文」段落樣式

　　有了段落文字後，接下來就可以開始利用「段落樣式」面板來新增段落樣式。首先設定的是「內文」，請執行「視窗／段落樣式」指令使開啟該面板。內文的設定內容如下：

基本字元格式	字體系列：文鼎中仿 字體大小：11 pt 行距：16 pt 顏色：褐色（R：76、G：24、B：3）
進階字元設定	水平縮放：110%
縮排與間距	對齊：左側 縮排左邊界：0 pt 縮排右邊界：0 pt 首行縮排：25 pt 在段落前增加距離：2 pt 在段落後增加距離：2 pt

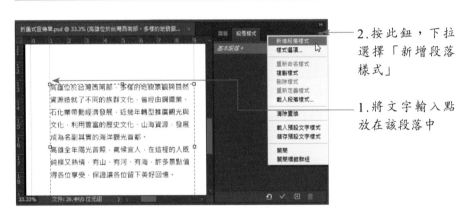

2.按此鈕，下拉
選擇「新增段落
樣式」

1.將文字輸入點
放在該段落中

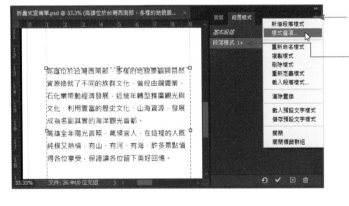

4.由此下拉選擇
「樣式選項」

3.點選剛剛新增
的段落名稱

5.輸入樣式名稱

6.設定基本字元
　格式的內容如圖

7.切換到「進階
　字元格式」

8.設定內容如圖

11.按此鈕確定

9.切換到「縮排
　與間距」

10.設定內容如圖

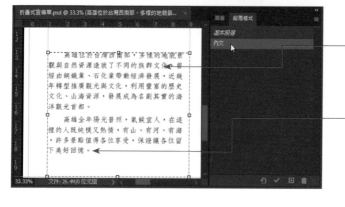

12.第一段文字已
　套用「內文」的
　段落樣式

13.依序點選「內
　文」樣式，即可
　套用至該段落

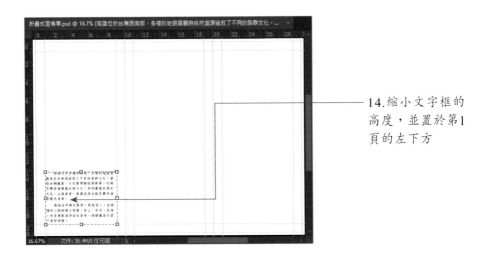

14.縮小文字框的
高度，並置於第1
頁的左下方

13-2-3 新增「標題」與「清單」段落樣式

　　學會了「內文」的段落樣式後，接下來就是設定「標題」與「清單」的段落樣式，請先將如圖的文字內容拷貝並貼入Photoshop中。

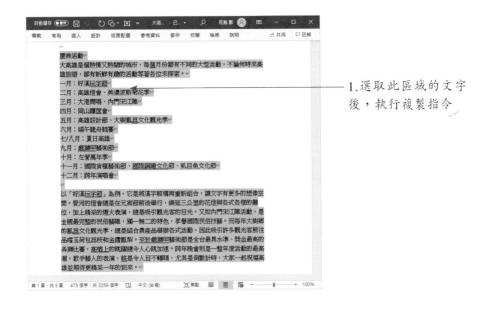

1.選取此區域的文字
後，執行複製指令

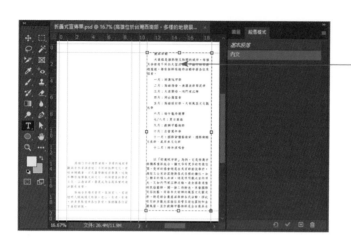

2.先拖曳出文字
區塊的範圍，貼
入文字內容，使
顯現如圖

CHAPTER

13

　　接下來請將文字輸入點放在「慶典活動」的標題上，然後從「段落樣式」面板上下拉執行「新增段落樣式」指令，再依照上一小節的步驟設定「標題」與「清單」兩個段落樣式，而其設定的樣式選項請參閱下方的表格說明：

標題

基本字元格式	字體系列：文鼎粗黑 字體大小：12 pt 行距：自動 顏色：綠色（R：54、G：88、B：0）
進階字元設定	水平縮放：120%
縮排與間距	對齊：左側 縮排左邊界：0 pt 縮排右邊界：0 pt 首行縮排：0 pt 在段落前增加距離：3 pt 在段落後增加距離：3 pt

清單

基本字元格式	字體系列：文鼎中楷 字體大小：11 pt 行距：14 pt 顏色：藍色（R：2、G：30、B：82）
進階字元設定	水平縮放：100%
縮排與間距	對齊：左側 縮排左邊界：10 pt 縮排右邊界：10 pt 首行縮排：0 pt 在段落前增加距離：0 pt 在段落後增加距離：0 pt

設定完成後，各位的面板上將顯示如圖，此範例中將運用此三種樣式來完成所有的文字設定。

13-2-4 套用段落樣式

完成所有段落樣式的設定後，現在可以依序將文字內容貼入到Photoshop的文字框中，透過樣式名稱的點選，即可快速完成第一面的文字樣式設定。

CHAPTER

13

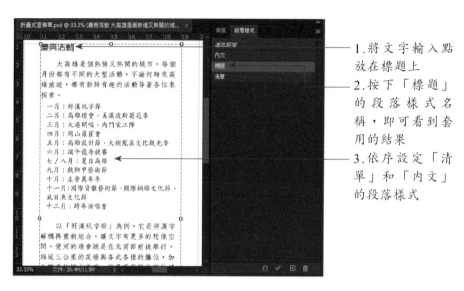

1. 將文字輸入點放在標題上

2. 按下「標題」的段落樣式名稱，即可看到套用的結果

3. 依序設定「清單」和「內文」的段落樣式

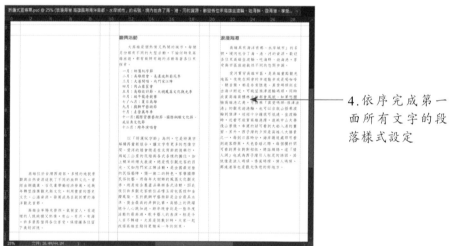

4. 依序完成第一面所有文字的段落樣式設定

　　在第二面部分，由於尺寸與版面編排都與第一面相同，為了節省時間，可以直接將目前作好的文件另存新檔──摺頁式宣傳單2.psd，這樣就可以省下重新設定文件、參考線、段落樣式的時間了。

　　另存新檔後，依序將文字框中的文字作替換，完成第二面的文字編排與段落樣式設定，使畫面顯現如圖：

13-3 以「調整邊緣」功能合成多張相片

當旅遊者拿到折疊式的宣傳單時，期望他們能夠對高雄的多樣風貌有所了解，因此在封面上將採用多張影像的合成。此處以三張照片的合成作說明，原則上我們將利用「套索工具」概略地選取影像，透過「選項」列的「選取並遮住」鈕來調整柔邊效果，再將影像移入編排的檔案中作縮小的調整就可以了。

2.由選項列設為
「形狀」，色彩
為淡藍色（R：
126、G：206、
B：244）

3.在第一面繪製
如圖的矩形區塊
作為底色圖案

1.點選「矩形工
具」

4.執行「檔案／開
啟舊檔」指令，
使用開啟此視窗

5.切換到「1頁插
圖」的資料夾

6.選取「01.jpg」
的縮圖

7.按此鈕開啟檔案

10.按此鈕調整邊
緣

8.點選「套索工
具」

9.概略地圈選影
像區域

11.由此調整羽化值

12.滿意效果則按「確定」鈕離開

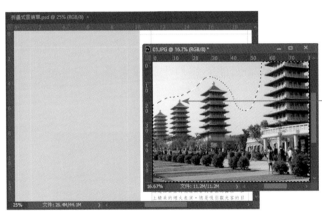

13.將兩個檔案並列，以「移動工具」把選取的影像拖曳到編輯的視窗中

14.執行「編輯/任意變形」指令，將影像縮小至如圖的寬度，按下「Enter」鍵確定

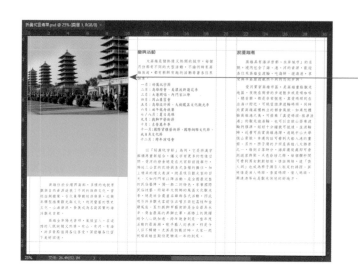

15.完成第一個影像與背景色的融合

接下來請各位以同樣方式，依序將「02.jpg」與「03.jpg」的圖檔開啓於Photoshop中，利用「選取並遮住」鈕羽化影像邊緣，完成如下的第一頁的合成影像。

13-4 標題／副標題的設定

　　封面的合成影像設定完成後，接著要在影像上加入標題與副標題文字，好讓拿到折頁的人能夠馬上知道宣傳單介紹的主題。這裡以「高雄」與其英文字「Kaohsiung」組合成標題字，再加入副標文字「都會魅力，山野風情，親子共遊好去處」作說明。而其設定的文字格式說明如下：

高雄

3.選擇「文鼎中行書」，「80」級字

1.點選「水平文字工具」

2.輸入「高雄」二字

5.選取字元的比例間距調為「70%」

4.選取「高雄」二字

7. 將基線位移設
爲「-30%」，使
「雄」字下移約
一半的高度

6. 只點選「雄」字

9. 選擇「筆畫」
樣式

8. 按下「新增圖
層樣式」鈕

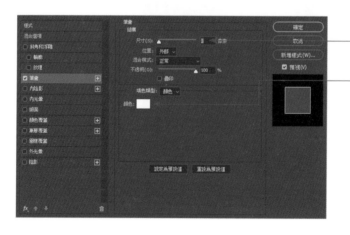

11. 尺寸設爲3

10. 將筆畫顏色改
爲白色，使文字
變粗

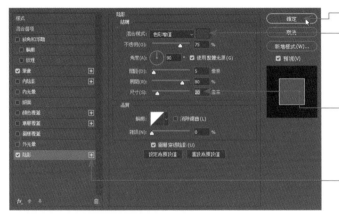

15.按此鈕確定

13.陰影色彩設爲
綠色（R：38、
G：87、B：9）

14.設定間距、展
開、尺寸等屬性
結構

12.勾選並切換到
「陰影」樣式

16.顯示設定完成的效果

Kaohsiung

3.字型設爲「Mi-
crosoft New Tai
Lue」、「18」
級、黑色，按
「Enter」鍵確定

2.輸入英文字
「Kaohsiung」

1.點選「水平文
字工具」

副標題

2.字型設為「文
鼎中特毛楷」、
「10」級、行距
「14」、黃色
（R：255、G：
222、B：0）

1.輸入副標題文
字如圖

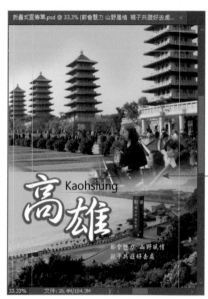

3.完成第一頁的圖文編排

13-5 複製圖層到其他檔案中

由於在設計時，我們將前頁與後頁的版面分為兩個檔案來處理，萬一
在編排的過程中還有一些圖層物件需要放置在其他檔案的相同位置上，此
時就可以利用「圖層／複製圖層」指令來處理，它就會把物件複製到另一

個檔案中。

　　現在我們先在「折疊式宣傳單.psd」檔案中，利用「矩形工具」在文件四周分別繪製四個矩形圖案當作裝飾，再將四個矩形一併複製到「折疊式宣傳單2.psd」檔案中，方式如下：

2.選擇「形狀」

3.分別繪製如圖四角的綠色、紅色、黃色、藍色的矩形

1.點選「矩形工具」

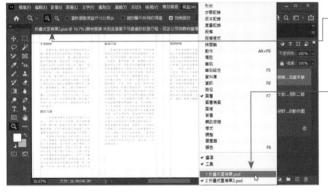

4.執行「檔案／開啓舊檔」指令，使用開啓「折疊式宣傳單2.psd」

5.由「視窗」功能表再切換回「折疊式宣傳單.psd」

7.執行「圖層／複製圖層」指令

6.由「圖層」面板選取此四個圖層

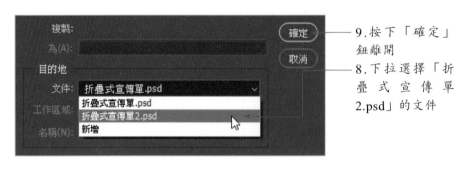

9.按下「確定」
鈕離開

8.下拉選擇「折
疊式宣傳單
2.psd」的文件

10.再切換到
「折疊式宣傳單
2.psd」的文件，
即可看到複製過
來的裝飾圖案了

13-6 編排相片與複製圖層樣式

為了讓翻閱摺頁式宣傳單的人，能夠多了解高雄的美麗風光，在文案的空白地方將插入多張相片，並利用「圖層樣式」功能加入白色邊框與外光暈效果。由於每張相片都要套用相同的圖層樣式，所以可以透過「拷貝」與「貼上」的方式來處理。範例中所使用的相關圖片，各位可由「1頁插圖」和「2頁插圖」的資料夾中取得。

13-6-1 加入第一張相片與圖層樣式

　　首先開啓「1頁插圖」中的「04.jpg」圖檔，將圖片寬度固定爲「500」像素後，插入到「折疊式宣傳單1.psd」中，然後再加入白色筆畫與黑色外光暈的圖層樣式。設定方式如下：

1.執行「檔案／開啓舊檔」指令，使開啓「1頁插圖」資料夾中的「04.jpg」

2.執行「影像／影像尺寸」指令，使進入下圖視窗

3.設定寬度爲「500」

4.按下「確定」鈕離開

5.點選「移動工具」

6.將兩個檔案並列，影像拖曳到折疊式宣傳單中

8.選擇「筆畫」指令

7.按下「增加圖層樣式」鈕

10.尺寸設為「12」

9.選擇白色

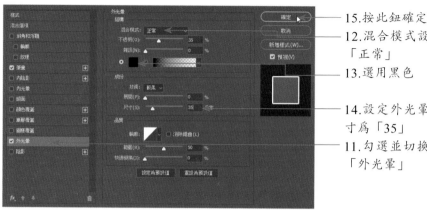

15.按此鈕確定

12.混合模式設為「正常」

13.選用黑色

14.設定外光暈尺寸為「35」

11.勾選並切換到「外光暈」

16.完成第一張相片的編排與其圖層樣式設定

CHAPTER

13

13-6-2 拷貝與貼上圖層樣式

確定第一張相片的圖層樣式與大小後，接下來就是依序將「05.jpg」和「06.jpg」圖片開啟、縮小尺寸，再加入到折疊式宣傳單中，然後利用「編輯／任意變形」指令，旋轉圖片的角度，使排列如圖。

CHAPTER

13

　　確定相片的位置與角度後，接著利用圖層面板來「拷貝圖層樣式」與「貼上圖層樣式」。

1.點選已加入圖層樣式的圖層

2.按右鍵執行「拷貝圖層樣式」指令

3. 切換到另一張
   相片所在的圖層

4. 按右鍵執行
   「貼上圖層樣
   式」指令

6. 以同樣方式按
   右鍵於另一張相
   片的圖層上，再
   執行「貼上圖層
   樣式」指令

5. 第二張相片已
   加入白色邊框與
   外光暈效果

7. 完成第一面的
   所有版面編排

CHAPTER

13

　　完成第一面的版面編排後，接著開啓第二面的版面，請依序將「2頁插圖」資料夾中的圖片加入到版面上，再由點選的圖層上按右鍵選擇「貼上圖層樣式」指令，就可以套用相同的圖層樣式。

1.開啓「「折疊式宣傳單2.psd」

3.以「影像 / 影像尺寸」指令縮小相片寬度爲「500」像素後，加入到文件中

2.開啓「2頁插圖」資料夾中的圖檔

4.點選相片所在的圖層

5.按右鍵執行「貼上圖層樣式」指令

6.相片上已貼入圖層樣式

7. 同上方式完成
所有相片的編排

打造滾滾錢潮的人氣網頁

　　網站在現今的社會上是相當普遍，幾乎每一個公司、行號、機關、組織都有自己的網站，很多人也都有設計個人網站的經驗。隨著網頁技術的進步，網站的設計製作也越趨複雜繁瑣。早期很多繪圖軟體都有提供設計者將設計好的網頁直接轉存為網頁檔形式，當然Photoshop也不例外，不過現今的網站設計大多利用Dreamweaver來整合編排網站與上傳，所以在繪圖軟體中，大都只針對美術設計的部分作編排設計，等與客戶確定版面形式後，再將所完成的物件一一轉存為網路上通用的JPEG、GIF、PNG等格式，再匯入到Dreamweaver中使用。因此本範例是針對一般公司行號的網站設計作介紹，所以會著重在如何善用Photoshop來做網頁設計以及如何切片影像。

CHAPTER

14

14-1 網頁規劃

　　進行網頁編排前，設計者必須先規劃網頁區塊以及網頁尺寸，有了構思再進行編排，會節省許多製作的時間。

14-1-1 設定網頁編排尺寸

　　首先利用「檔案 / 開新檔案」指令來新增網頁的編輯區域。「網頁」標籤中提供各種的預設尺寸，此處我們選擇「網頁-常用尺寸」，其解析度會自動設定在「72」，「尺寸」為「1366×768」像素。

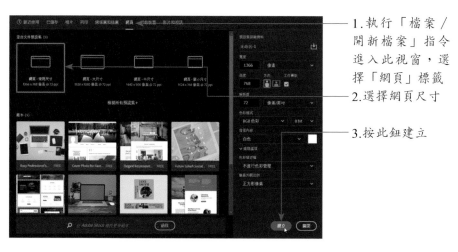

1. 執行「檔案／
開新檔案」指令
進入此視窗，選
擇「網頁」標籤

2. 選擇網頁尺寸

3. 按此鈕建立

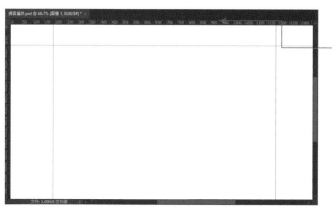

4. 執行「檢視／
尺標」指令使開
啓尺標，透過水
平尺標和垂直尺
標拉出參考線，
以作爲版面的參
考

14-1-2 規劃網頁區塊

　　目前很多網站的開發，大都會利用Div標籤來規劃網頁的區塊。尤其是網站內容愈來愈豐富，爲了方便瀏覽者瀏覽網頁內容時不至於迷失方向，網頁設計師都會將網頁區分成標題區（header）、內容區（main content）、頁尾區（footer）三部分，而內容區又可以依照需求再進行區塊的分割，當網頁區塊規劃好後，再將相關元件編排到區塊中。如本範例中，區塊的分配說明如下：

CHAPTER

14

標題區（通常為
網站標題或動
畫）

內容區

頁尾區（通常為
網站設計單位及
其聯絡資訊）

「標題區」位在網站的最上方，通常放置網站的標題或動畫，「頁尾區」位在網站的最下方，主要顯示該網站的公司名稱、聯絡資訊、或是網站適用的瀏覽器、尺寸、訪客人數等各項資訊。位於標題區和頁尾區之間的就是「內容區」，它可依照資訊內容的多寡來增加長度。在此範例中，內容區包含了導覽列按鈕、橫幅、各項主題等，網頁長度不夠使用時，可隨時加長，方便編排物件。

網頁寬度的部分，雖然我們選用了常用的尺寸──1366的寬度，但是在此版面設計我們只用了1000像素，左右的區域留白，這是考慮到有些偏遠地區的電腦等級並不高，顯示器可能無法完全顯示，這樣的設計可以顧及所有使用者的使用權。

14-2 製作網頁內容區

有了基本的構思和規畫後，我們先保留標題區的區塊的範圍不動，先來製作網頁內容區的物件。

14-2-1 設計導覽列按鈕

　　首先要來製作導覽列按鈕，這裡要使用「矩形工具」來繪製長條矩形，最後再加入文字內容就行了。

1.點選「矩形工具」

2.在頁面上按一下，出現此視窗時，輸入寬度1366，高度50，按下「確定」鈕離開

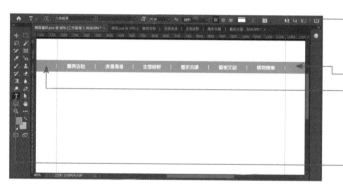

6.設定字型為「文鼎粗黑」、20級，白色

5.輸入文字內容如圖

3.將長條矩形設為R：102、G：153、B：255的藍色，並設於參考線之下

4.點選「水平文字工具」

8.將所屬的圖層移入該
資料夾中，使顯現如圖
7.按此鈕新增「導覽
列」的群組

　　由於設計的圖層會越來越多，利用「群組」功能來管理圖層是最方便
不過的了，以不同的資料夾來加以群組圖層，這樣要找尋某一個特定的圖
層，就可以快速找到。

14-2-2 設定網頁橫幅區塊

　　網頁橫幅用來吸引瀏覽者的目光，很多網頁會採用相片輪番顯示的方
式，同時讓瀏覽者按下相片就可以進入該相片主題。在此範例中我們僅以
一個畫面做說明，這裡將利用向量繪圖工具繪製此區塊，利用高雄的風景
照片作合成處理，再帶出高雄的英文字「Kaohsiung」及其副標「都會魅
力，山野風情」，讓瀏覽者按下此合成相片時可進入該主題。

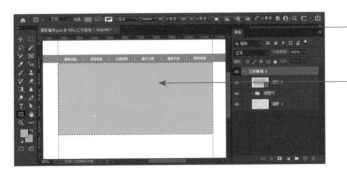

2.填入R：126、
G：206、B：244
的藍色
1.點選「矩形工
具」，在頁面上
按一下，設定寬
1000，高度450
的矩形

14-2-3 影像合成處理

　　在藍色的區塊上，我們要將三張相片作合成處理，只要利用「套索工具」概略選取影像，運用「選取並遮住」功能設定期望的羽化效果，再將影像拖曳到網頁上縮小尺寸就可以了。

5.按下「選取並遮住」鈕

1.開啟影像檔「03.jpg」

3.羽化值設為「0」

2.點選「套索工具」

4.概略選取影像

6.調整羽化值

7.按「確定」鈕離開

CHAPTER

14

8.將兩個檔案並
列，利用「移動
工具」把選取區
拖曳到網頁中

9.執行「編輯／
任意變形」指
令，將影像縮小
成如圖的比例大
小

10.以同樣方式，
依序將01.jpg、
02.jpg的影像加
入藍色區塊中，
完成影像的合成

在合成畫面後，如果有些銜接的區域太過僵硬，還可以利用「橡皮擦
工具」來修飾，只要把筆刷的尺寸設大一點就可以辦到喔！方式如下：

2.點選「橡皮擦
工具」後，由此
設定筆刷尺寸與
硬度

1.點選要擦除的
圖層

3.按一下要擦除
的地方，即可消
除原先較僵硬的
地方

14-2-4 加入文字內容

在標題區裡有兩個地方要加入文字，一個是在合成的影像上，另一個
則是在右上方露出粉紅色底色的區域。

合成影像上的標題文字

3.設定為「文鼎中
行書」，72級，
將字元間距改為
「-100」

1.點選「水平文字
工具」

2.輸入高雄的英文
字「Kaohsiung」

CHAPTER

14

CHAPTER

14

5.字體大小改爲
「120」級

4.只選取「K」字

6.按此鈕,並下
拉選擇「陰影」
的圖層樣式

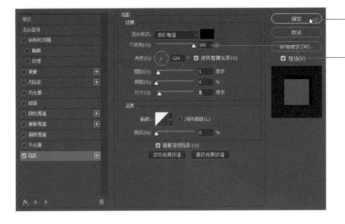

8.按下「確定」
鈕離開

7.不透明度改爲
「100」

10. 設定為「Adobe繁黑體Std」，36級，白色

9. 再輸入「都會魅力 山野風情」等字

12. 將相關圖層移入資料夾中

11. 按此鈕建立「橫幅」群組

14-3 製作「主題旅遊」

　　在橫幅下方我們將加入「主題旅遊」的區塊，此區塊以圓角矩形的按鈕搭配圖案與文字的方式呈現，讓瀏覽者可以快速按鈕並切換到該主題。如果按鈕較多，超過網頁寬度所能容納的長度時，就顯示左右兩側的箭頭讓瀏覽者進行切換。

CHAPTER

14

14-3-1 主題名稱設定

　　主題名稱部分，我們將以簡單的色塊搭配文字呈現。設定方式如下：

2.頁面上按一下，建立一個寬1000，高50像素的矩形

1.點選「矩形工具」

3.填入灰色（R：204、G：204、B：204）的色彩，並至於橫幅下方

4.以「水平文字工具」輸入「主題旅遊」等字

5.將文字加入「筆畫」的效果，筆畫設為2像素，白色

14-3-2 按鈕設定

　　在「主題旅遊」的標籤下，我們將加入六個按鈕，並由左向右依序排列。按鈕設定如下：

1.以「矩形工具」
繪製一矩形，填
滿白色，筆畫為
「1」的灰色，圓
角半徑為「10pt」

2.加按「Alt」鍵，
點選圓角矩形的圖
層並作位移，即可
快速複製成如圖的
六個造型

4.字體設為「24」
級的黑體
5.依序加入文字圖
層如圖

3.點選「水平文字
工具」

6.依序執行「檔案
／開啟舊檔」指
令，使進入此視
窗

7.點選對應的插圖

8.按下「開啟」鈕
開啟檔案

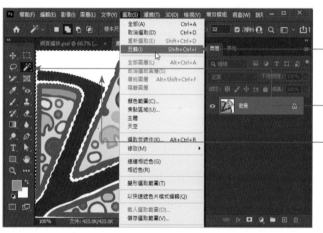

11.執行「選取／
反轉」指令，使
改選圖形

9.點選「魔術棒
工具」

10.選取背景的白
色

12.將兩張圖並
列，把選取的圖
案以「移動工
具」拖曳到網頁
中，再執行「編
輯／任意變形」
指令，縮小圖片
的尺寸

13.以同上方式，依序完成插圖的加入

　　由於按鈕框具有圓角，所以像插入「美食」的插圖後，左下角可能會凸出來，可利用「橡皮擦工具」將多餘的地方擦掉。

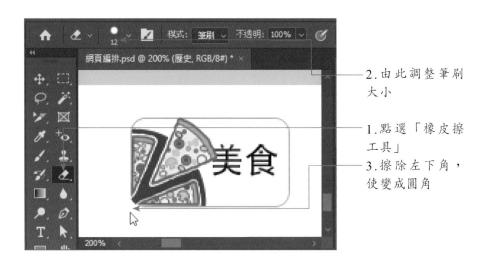

2.由此調整筆刷大小

1.點選「橡皮擦工具」

3.擦除左下角，使變成圓角

　　在此區塊的兩側請利用「橢圓工具」和「三角形工具」，分別在左右兩側繪製藍色圓鈕與白色箭頭，好讓瀏覽者可以透過兩側的按鈕進行切換，方可看到更多的主題。如圖示：

CHAPTER

14

2.繪製藍色圓鈕
與白色箭頭

1.點選此二工具

14-4 製作「高雄風景導覽」

　　在「高雄風景導覽」部分，我們將以風景區相片的縮圖呈現，各位可以利用「影像／影像尺寸」指令縮小相片後再插入到網頁中，而圖片大小的寬度則設為170像素。如果網頁的版面不敷使用，可直接點選白色的工作區域並往下拖曳，即可增加網頁的高度。

點選工作區域，
按此往下拖曳，
即可增加長度

14-4-1 複製主題標籤

　　「高雄風景導覽」和「主題旅遊」的標籤方式是一樣的，所以可直接複製，在進行文字和色彩的更換即可。

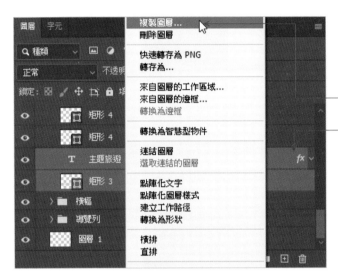

2.按右鍵執行「複製圖層」

1.點選此二圖層

3.設定如圖，按「確定」離開

4.將二圖層移到最上層

5.以「移動工具」下移至此

CHAPTER

14

6.依序變更文字
標題和矩形色
彩，使顯現如圖

14-4-2 變更影像尺寸

　　標題文字變更完成後，接著是將03至08的檔案開啟，利用「影像／影像尺寸」指令來縮小圖片尺寸，再移入網頁之中即可。

1.開啟「04.jpg」
圖檔
2.執行「影像／
影像尺寸」指令

3.設定相片寬度為
「170」

4.按下「確定」鈕

5.以「移動工具」
將相片拖曳到編
排的網頁中

6.依序插入圖片，
並完成左右按鈕
的加入

14-5 製作標題區和頁尾區

　　行文至此，主要內容區的版面大致上已經完成，現在只剩「標題區」和「頁尾區」的部分，頁尾區我們一樣使用「矩形工具」來處理。

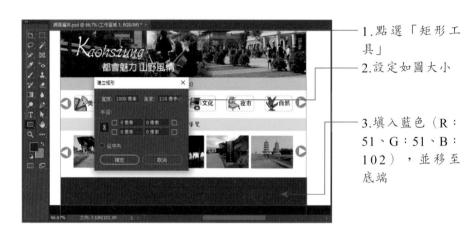

1.點選「矩形工具」

2.設定如圖大小

3.填入藍色（R：51、G：51、B：102），並移至底端

4.以「水平文字工具」輸入頁尾的相關文字，完成網頁的所有編排設計

　　至於標題區的部分我們以「水平文字工具」來處理，因為此部分的文字只在編排版面時顯現，屆時製作網頁時可直接在網頁編輯器中輸入。

以文字工具輸入
如圖的文字

14-6 以「切片工具」切片影像

　　網頁的版面設計已經完成，如果客戶看過也沒有問題，接下來就是利用「切片工具」將影像一一切片後，轉存到網站所在的資料夾中，再利用Dreamweaver程式作整合。為了方便網頁的更新和修改，除了必要的主標題、副標題、按鈕圖案、項目符號、橫幅之外，區塊的底色或文字部分都可直接利用網頁編輯程式來加入和設定。因此像標題區右上方所規劃的語系，或是導覽列的文字，在儲存切片的影像時，該區的文字就可以不用儲存。

　　由於影像切片的技巧大致相同，因此這裡僅就橫幅的影像作說明。其餘的影像切片與轉存，請自行參照辦理。

3. 拖曳出影像的
　區域範圍
2. 由此點選「切
　片工具」
1. 點選「橫幅」
　的群組

4.以「切片選取工具」先選取切片

5.執行「檔案／轉存／儲存為網頁用」指令

6.下拉選擇儲存的格式

7.按下「儲存」鈕

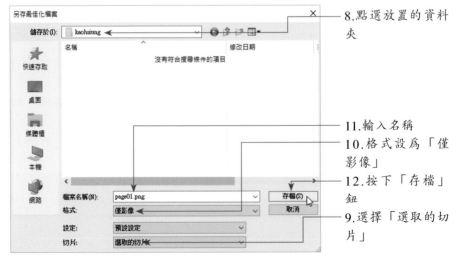

8.點選放置的資料夾

11.輸入名稱

10.格式設為「僅影像」

12.按下「存檔」鈕

9.選擇「選取的切片」

13. 按下「確定」鈕

14. 在網站資料夾中自動會新增一個「images」資料夾來放置所切片的影像

CHAPTER

14

第一章　課後習題解答

選擇題

題號	1	2	3	4
答案	A	D	B	A

問答題

1. **解答**：檢色器中如果出現▲符號，表示顏色超出印表機的列印範圍，若是出現◈符號，則表示該顏色非網頁安全色。

2. **解答**：先執行「檢視／尺標」指令使顯現尺標，再由水平尺標往下拖曳，或是由垂直尺標往右拖曳，即可拉出參考線。若要更換尺標單位，可按右鍵於尺標，再選擇期望的度量單位。

3. **解答**：直接在工具下方按下前方和後方的色塊，進入「檢色器」視窗後，再輸入R、G、B的數值。

第二章　課後習題解答

是非題

題號	1	2	3	4	5	6
答案	○	×	○	×	○	○

選擇題

題號	1	2	3	4	5
答案	D	B	D	A	C

第三章　課後習題解答

是非題

題號	1	2	3	4	5
答案	○	○	✕	○	○

選擇題

題號	1	2	3	4
答案	C	A	C	A

第四章　課後習題解答

是非題

題號	1	2	3	4	5	6
答案	○	○	○	○	✕	○

選擇題

題號	1	2	3	4
答案	A	D	C	C

第五章　課後習題解答

是非題

題號	1	2	3	4	5	6	7
答案	○	○	✕	○	○	○	○

選擇題

題號	1	2	3	4	5
答案	B	C	D	D	A

第六章　課後習題解答

是非題

題號	1	2	3	4	5	6	7
答案	○	○	○	✕	○	○	○

選擇題

題號	1	2	3	4
答案	D	A	D	D

第七章　課後習題解答

是非題

題號	1	2	3	4	5	6	7
答案	○	○	✕	○	✕	○	○
題號	8	9					
答案	○	✕					

APPENDIX

國家圖書館出版品預行編目資料

Photoshop設計達人必學工作術／數位新知著.
－－初版.－－臺北市：五南圖書出版股份
有限公司, 2024.11
面；　公分
ISBN 978-626-393-855-7（平裝）

1.CST: 數位影像處理

312.837　　　　　　　　113015742

5R72

Photoshop設計達人必學
工作術

作　　者 ─ 數位新知（526）

企劃主編 ─ 王正華

責任編輯 ─ 張維文

封面設計 ─ 姚孝慈

出 版 者 ─ 五南圖書出版股份有限公司

發 行 人 ─ 楊榮川

總 經 理 ─ 楊士清

總 編 輯 ─ 楊秀麗

地　　址：106臺北市大安區和平東路二段339號4樓

電　　話：(02)2705-5066　　傳　　真：(02)2706-6100

網　　址：https://www.wunan.com.tw

電子郵件：wunan@wunan.com.tw

劃撥帳號：01068953

戶　　名：五南圖書出版股份有限公司

法律顧問　林勝安律師

出版日期　2024年11月初版一刷

定　　價　新臺幣600元

經典永恆・名著常在

五十週年的獻禮——經典名著文庫

五南，五十年了，半個世紀，人生旅程的一大半，走過來了。

思索著，邁向百年的未來歷程，能為知識界、文化學術界作些什麼？

在速食文化的生態下，有什麼值得讓人雋永品味的？

歷代經典・當今名著，經過時間的洗禮，千錘百鍊，流傳至今，光芒耀人；

不僅使我們能領悟前人的智慧，同時也增深加廣我們思考的深度與視野。

我們決心投入巨資，有計畫的系統梳選，成立「經典名著文庫」，

希望收入古今中外思想性的、充滿睿智與獨見的經典、名著。

這是一項理想性的、永續性的巨大出版工程。

不在意讀者的眾寡，只考慮它的學術價值，力求完整展現先哲思想的軌跡；

為知識界開啟一片智慧之窗，營造一座百花綻放的世界文明公園，

任君遨遊、取菁吸蜜、嘉惠學子！